Failure Analysis of Metallic Materials

金属材料失效分析

杨晓洁　杨 军　袁国良　编著

化学工业出版社

·北京·

《金属材料失效分析》对一些金属材料失效案例进行了研究分析。简要介绍金属材料失效分析基础知识、失效分析检测技术及方法、金属材料失效分析案例。着重介绍了氨水槽、供热管道、消防水带、混凝土泵车、汽车转向拉杆、燃气输送管道、锅炉管、二沉池齿轮、卫生间淋浴器、风冷热泵冷（热）水机、散热器丝堵、满-液式水源热泵机组、空调等产品的失效形式、断裂形貌、组织结构特点、破损机制和分析手段等；通过对上述产品失效机制的分析和探讨，对相应产品失效程度控制的基本措施和手段提出了建议。

本书可供从事材料失效分析工作、表面工程技术等科研人员、高等院校相关专业的研究人员和师生参考和阅读。

图书在版编目（CIP）数据

金属材料失效分析／杨晓洁，杨军，袁国良编著．—北京：化学工业出版社，2018.10（2023.9重印）

ISBN 978-7-122-33243-1

Ⅰ．①金…　Ⅱ．①杨…②杨…③袁…　Ⅲ．①金属材料－失效分析－教材　Ⅳ．①TG115

中国版本图书馆CIP数据核字（2018）第245940号

责任编辑：王　婧　杨　菁　李玉晖　　装帧设计：王晓宇
责任校对：王　静

出版发行：化学工业出版社（北京市东城区青年湖南街13号　邮政编码100011）
印　　装：涿州市般润文化传播有限公司
787mm×1092mm　1/16　印张 $9^3/_4$　字数191千字　　2023年9月北京第1版第2次印刷

购书咨询：010-64518888　　售后服务：010-64518899
网　　址：http：//www.cip.com.cn
凡购买本书，如有缺损质量问题，本社销售中心负责调换。

定　　价：80.00元
版权所有　违者必究

Preface

前言

材料失效分析最早来源于机械零件的损坏或失效，是一门交叉、边缘、综合的新兴学科，与很多学科和技术交叉。所谓材料失效就是某些机械构件在复杂的服役环境下，构件的组织、结构的变化引起其尺寸、形状、性能发生变化，进而失去材料本身应有的功能，也可以称之为事故或者故障。失效分析就是利用先进的技术手段对失效零件的组织、结构、表面宏观痕迹、化学成分等方面进行诊断，主要包括观察过程、诊断过程、分析过程、预测或预防过程。失效分析对提高机械产品质量和确保机械构件安全运行发挥越来越大的作用，对高科技的飞快发展具有重要的现实意义。机械装备由于失效引起的损失在中外历史上是惊人的。据不完全统计，我国在近十年期间，农用喷雾器一项，每年因腐蚀报废1000万只，损失2.5亿元；矿山机械零部件由于早期失效造成的损失每年达10亿元。通过失效分析，找出造成机械装备失效的原因，采取改进措施，可防止重大事故的发生，提高产品质量，减少损失，产生相当可观的经济效益。

《金属材料失效分析》内容包括金属材料失效基础知识、失效分析检测技术及方法、金属材料失效分析案例和相关国家标准，主要讲解了多种金属材料失效形式、形貌、特点、破损机制、分析手段；各种失效形式包括机械力破损、腐蚀性破损和高温破损等；介绍了失效特征、失效机制、断口形貌、成分分析手段等。典型案例中主要介绍了钢铁合金、铜及铜合金、铝及铝合金、钛及钛合金等材料的失效分析。

本书是在笔者从事十多年金属材料失效分析基础上，结合该领域科研工作的研究成果而编写的。济南市工程质量与安全生产监督站袁国良工程师编写第1～3章，杨晓洁高级工程师编写第4～6章和第2部分的案例1～11、13、16、17、20，杨军工程师编写第2部分的案例12、14、15、18、19。全书由杨晓洁统稿。

特别感谢山东大学周英勤老师和吴东亭老师，山东建筑大学袁兴栋副教授，山东省产品质量检验研究院李守泉研究员、马洪涛研究员和崔岩、于晓阳、张勇亭、王振明、李杨，山东建筑大学的研究生王泽力以及其他给予指导和帮助的同仁，在此表示衷心的感谢。山东省产品质量检验研究院在金属材料构件失效分析领域有较强能力，多年来一直开展相关工作，具备了对金属材料的宏观、微观检测分析能力，能够系统地分析金属材料及机械零部件失效的原因。

谨以此书献给所有帮助、支持我们的社会各界和同行朋友，由于编者水平有限，虽经一再校阅，书中可能仍有疏漏之处，敬请读者提出宝贵意见和建议。

编　者

2018 年 4 月

Contents

目录

第 1 部分　金属材料失效分析和检测技术

第 2 部分 金属材料失效分析案例

附录　金属显微组织检验方法

第 1 部分

金属材料失效分析和检测技术

1 概述

材料是人类用于生产和制造物品、机械、构件、工具等产品的物质，是人类赖以生存和发展的物质基础，材料的发展史与人类的文明史近似相同。20 世纪 70 年代人们就把材料、信息和能源誉为当代文明的三大支柱，随后的新技术革命，又把材料作为重要的标志。可以说，材料与国家经济建设、文明建设以及人类的生活密切相关。随着材料的多元化发展，国家科技水平的不断提高，以及近些年机械领域一些重大机械事故的发生，材料失效分析在工程应用领域得到了前所未有的关注，部分高等院校还开设了材料失效分析相关课程，以丰富学生的专业知识。

1.1 材料失效分析的作用

据有关部门估算，各国每年因失效造成的经济损失约占该国 GDP 的 2% ～ 4%。我国 2014 年、2015 年、2016 年的 GDP 分别是 64 万亿元、68 万亿元、74 万亿元，若以 4% 计，损失值分别高达 2.6 万亿元（2014 年）、2.7 万亿元（2015 年）、3.0 万亿元（2016 年）。因而，材料失效分析产生的社会经济效益也是巨大的。

材料失效分析最早来源于机械零件的损坏或失效，是一门交叉、边缘、综合的新兴学科，与很多种学科和技术交叉，如图 1.1 所示。学科之间的交叉使材料失效分析学科变得较为复杂，也可以说是许多学科的结合体。材料失效分析学科与其他学科交叉又产生了许多新的学科，例如：机械失效学、失效物理学、失效环境学、失效力学、损伤力学、可靠性数学等。

所谓材料失效就是某些机械构件在复杂的服役环境下，由于构件的组织、结构的变化而引起其尺寸、形状、性能发生变化，进而失去材料本身应有的功能，也可以称之为事故或者故障。通常情况下，我们判断材料是否发生失效，主要根据以下三个条件：

① 机械零件本身（尺寸、形状、性能）完全遭到破坏，不能正常工作。

② 机械零件本身（尺寸、形状、性能）部分遭到破坏，能够继续工作，但是不能完全满足所有的工作任务。

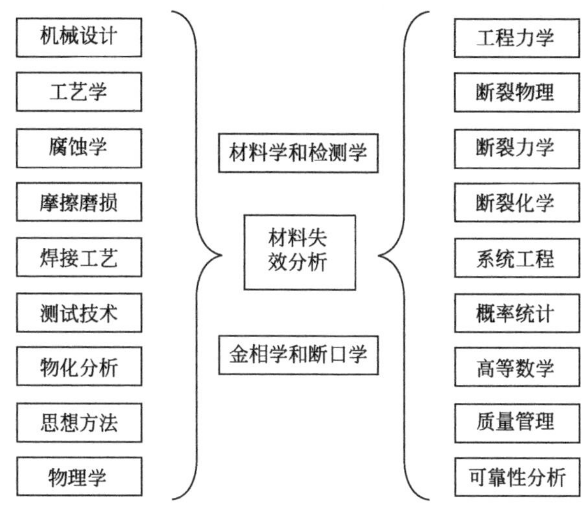

图 1.1 与材料失效分析交叉的知识

③ 机械零件本身（尺寸、形状、性能）严重遭到破坏，能够继续工作，但是工作危险性较大，一般不建议继续工作，需对其进行简单修复。

以上三种情况发生任何一种都可诊断为材料发生了失效。

所谓的失效分析就是利用先进的技术手段对失效零件的组织、结构、表面宏观痕迹、化学成分等方面进行诊断的过程，主要包括观察过程、诊断过程、分析过程、预测或预防过程。失效分析、提高技术、再失效分析、再提高技术，如此循环下去，失效分析对提高机械产品质量和确保机械构件安全运行将发挥越来越大的作用，对高科技的发展具有重要的现实意义。失效分析的作用可以从国家经济、社会生活、工程技术和科技进步等四个方面来着重认识。从国家经济来看，失效分析是不断防止事故重新发生，不断减少经济损失的重要手段，是调节国际、国内各种经济纠纷的重要技术依据。从社会生活来看，科技是第一生产力，安全是保证科技生产的重要武器，失效分析能够有效地促进安全生产，保证经济的可持续发展和社会生活的良好改善。从工程技术来看，失效分析是机械零件维修的重要依据，也是保证机械零件可靠性的重要技术基础，同时，也是提高工程技术手段的重要科学基础。从科技进步来看，失效分析能够客观地认识社会事物的本质，是发展学科新技术、新理论、新方法、新工艺的重要窗口。

1.2 材料失效分析的程序

材料失效分析应按照一定的工作程序进行，主要是保证失效分析的有效性。失效分析过程中的具体细节应根据案例的具体情况，详细制定失效分析计划，这样能够更客观、更准确、更有效地完成案例的分析。笔者结合多年的工作经验制定了一个失效分析的程序，供参考，如图 1.2 所示。

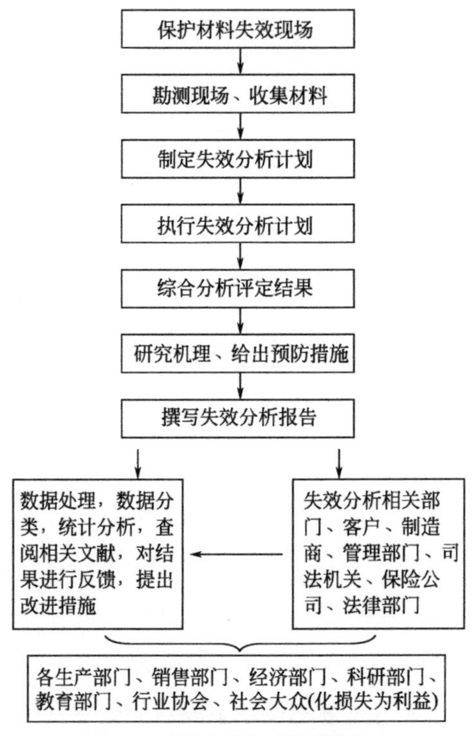

图 1.2　材料失效分析的基本程序

从图 1.2 可以分析得到材料失效分析涉及的部门较多，研究的内容较多，考虑的细节较多。

（1）保护材料失效现场

保护材料失效现场是很重要的程序，与刑事案件的现场保护一样，要维持材料失效现场的原状，包括大小、形状、表面痕迹、断口形貌污染度、零件的使用环境等条件。

（2）勘测现场、收集材料

这一程序主要是对失效现场的条件进行宏观观察，同时收集背景材料。勘测现场形式主要包括：勘测现场的摄影、录音、录像、绘图和文字描述等。勘测内容一般有失效零件的碎片尺寸、大小、形状，失效零件表面的痕迹、残留物、杂物、断口形状、腐蚀程度、氧化物、变形程度以及散落在失效零件周围的粉末和磨屑，失效零件的部分结构和制造特征，失效零件周围的景物、温度分布、湿度分布、大气环境、水质环境等，有关人员的陈述和佐证等。收集的材料主要是失效零件的类型、制造商、生产日期、出厂批号、安装工艺及地点、操作人员、维修人员、运行记录、操作规程、安全操作等，失效零件的使用说明书、检验记录、维修记录、质量控制记录以及合同，有关的标准、法规以及参考文献等。

（3）制定失效分析计划

失效分析计划是完成失效分析工作的依据，是顺利开展失效分析工作的重要保障。通常情况下，失效案例的分析均要制定相应的分析计划，应根据案例的具体情况，结合多方面人员的意见，综合考虑制定。制定失效分析计划要留有一定的空间，以备个别案例发现意外现象时采取及时的补救措施。

（4）执行失效分析计划

失效分析计划的执行是完成失效分析工作的重中之重，执行的好坏直接决定分析的科学性和合理性，故一定要严格按照计划执行，有详细的实施记录，并随时对记录进行分析。失效分析不同于科研实验结果的处理，一般要求在较短时间内给出合理的结果，所以，需注意不要出错，保证质量；一般失效分析问题都涉及法律问题，所以，应该建立严格的责任制度，谁做谁负责，谁审核谁负责；分析的试样应直接来源于失效的原物，不能用其他来源的零件样品代替；失效分析是认识客观世界的一种活动，工作人员应从思想上高度重视，以事实为依据，以法律为准绳，从客观事实出发，尊重科学规律，不能有个人主义。

（5）综合分析评定结果

失效工作人员一定要对以上各程序结果进行综合分析，要经过多方面的讨论、座谈、研讨，建立自己的逻辑分析图。通常情况下，一个失效分析案例存在多种可能的失效原因，应该努力分清原因，并得到主次之分，同时将讨论、座谈、研讨的工作记录进行存档，已备后用。

（6）研究机理、给出预防措施

研究机理、给出预防措施这个工作是失效分析整个工作中最重要的一个环节。失效分析不仅仅是给出零件失效的原因，更应该给出预防零件失效的措施。这是对相关失效分析研究工作的有效补充，也是预防零件再发生类似故障最直接的方法，甚至是防止重大机械事故的有效措施。

（7）撰写失效分析报告

失效分析报告没有固定的格式，但文字一定要简练、明了、清晰，内容一般包括：题目、背景、分析过程、分析结果、补救措施或建议、附件（规范、标准、原始记录、图片等）、分析人员和审核人员签字、日期。有的报告还包括到现场的人员及签名。

（8）评审、提出、反馈失效分析报告

这阶段工作涉及的部门较多，主要是对失效分析报告的最终评定。在失效分析过程中，若发现新的失效机理或现象，工作人员可以对其进行总结，并在相关学术期刊上进行发表，分享科学结果。

1.3 材料失效分析的发展趋势

工业发达国家高度重视航空装备在内的交通安全事故的调查研究工作。

美国建有国家运输安全委员会。早在 1967 年，美国成立了“机械故障预防中心（MFPC）”，由原子能委员会、美国国家航空和宇航局（NASA）等长期支持，开展航空和宇航材料与结构的服役失效分析工作。美国的失效分析中心遍布全国各个部门，有政府办的，也有大公司及大学办的。例如，国防尖端部门、原子能及宇航故障分析集中在国家的研究机构中进行；宇航部件的故障分析在肯尼迪空间中心故障分析室进行；阿波罗航天飞机的故障在约翰逊空间中心和马歇尔空间中心进行分析；民用飞机故障在波音公司及洛克威尔公司的失效分析中心进行分析。福特汽车公司、通用电器公司及西屋公司的技术发展部门均承担着各自的失效分析任务。许多大学也承担着失效分析任务。像里海大学、加州大学、华盛顿大学承担着公路和桥梁方面的失效分析工作。有关学会，如美国金属学会、美国机械工程师学会和美国材料与试验学会均开展了大量的失效分析工作。

在德国，失效分析中心主要建在联邦及州立的材料检验中心。原西德的 1 个州共建了 500 多个材料检验站，分别承担各自富有专长的失效分析任务。工科大学的材料检验中心，在失效分析技术上处于领先地位。德国联邦材料测试实验室及 GKSS 研究中心是长期从事材料及结构服役与失效综合研究的世界著名的研究机构。

在日本，国立的失效分析研究机构有金属材料技术研究所、产业安全研究所和原子力研究所等。在企业界，新日铁、日立、三井、三菱等都有研究机构，另外各工科大学都有很强的研究力量。

意大利材料测试国家实验室也是长期从事材料及结构服役与失效综合研究的世界著名的研究机构。

美国出版和再版的《金属手册》中的失效分析卷是一本影响较大的实用工具书。美国出版了杂志《Failure Analysis & Prevention》。从 2004 年每隔两年召开一次国际工程失效分析会议（International Conferences on Engineering Failure Analysis）。英国定期出版杂志《Engineering Failure Analysis》。

中国在 1974 年南京召开的材料金相学术讨论会上，第一次设立了失效分析分会场。1980 年在北京召开了全国第一次机械装备失效分析经验交流会，收集论文和分析案例 300 余篇。1984 年和 1988 年分别在杭州和广州召开了第二次和第三次全国失效分析技术会议。1993 年 6 月在桂林召开了第四次全国失效分析会议。1986 年成立了中国机械工程学会失效分析分会。1987 年召开全国机械装备失效分析评比交流会（后被称为“第一次全国机电装备失效分析预测预防战略研讨会”）。1992 年中国机械工程学会失效分析分会联合全国 22 个一级学会共同组织了“第二次全国机电装备失效分析预测预防战略研讨会”。1998 年举办了“第三次全国机电装备失效分析预测预防战略研讨会”。1995 年北京航空航天大学与美国金属学会、中国航空学会、中国科协工程联失效分析和预防中心共同举办了“国际失效分析和预防学术会议”（ICFAP95）。2005 年中国机械工程学会失效分析分会与理化检验分会一起组织了 2005 年全国失效分析学术会议。2006 年全国失效分析与安全生产高级研讨会在北京召开。2007 年中国机械工程学会失效分析分会与理化检验分会一起组织了2007年全国失效分析学术会议。1994年成立了中国航空学会失效分析专业分会。中国航空学会失效分析专业分会已经组织召开了五届全国失效分析学术会议。编辑出版了多种失效分析专业书籍，例如《金属断口分析》《机械产品失效分析丛书》《机械零件失效分析》《机械失效分析手册》和《失效分析》等。有专门的失效分析期刊，例如《飞行事故和失效分析》（内部资料）和《失效分析与预防》，除此之外还有许多期刊开设了失效分析栏目，例如《金属热处理》《理化检验》（物理分册）等。包括清华大学、北京航空航天大学等30余所大学开设了失效分析课程。

机电装备的失效率代表着一个国家或一个企业机电产品设计或质量水平，也代表工作人员的素质或管理水平。特别是失效发生以后，能否在短期内做出正确的判断、得出解决的办法，代表一个国家或某些科技人员的科学技术水平。失效分析工作在中国起步较晚，对失效分析工作的重视程度低于部分发达国家。

目前国内全面开展失效分析工作的行业很少，涉及的领域有限，仅有数量不多的专业机构在从事失效分析研究和服务工作。失效分析预测预防是从失败入手着眼于成功和发展，是从过去入手着眼于未来和进步的科学技术领域，并且正向失效学这一分支学科方向发展。重视这一分支学科的发展，有意识地运用它已有的成就来分析、解决和攻克相关领域中的失效（ 失败、故障）问题，是科技发展少走弯路的捷径之一。面对这样一个现状，需要现有的失效分析科技工作者不断宣传失效分析的作用，普及失效分析的基础知识，让越来越多的人了解失效分析、认识到失效分析的重要性，同时失效分析科技工作者和相关研究机构需要加强联合，这样才能扩大失效分析队伍的整体影响。经过大家的共同努力，使失效分析从一个研究方向逐步发展成为一个学科，形成一个完整的体系。失效分析目前还没有得到国家或部门的授权，需要失效分析工作者团结起来，不断努力，扩大影响，争取在不久的将来开展失效分析资格的认证。

目前我国失效分析专家和工程师数量还远远不能满足需要，分析人员的水平和能力参差不齐，因此，迫切需要加强失效分析技术人员的培训。失效分析人员的能力和水平是在工作实践中不断提高的，因此，需要加强失效分析技术人员间的技术交流，这样可以不断提高失效分析人员素质和水平，提高整个行业及国家的失效分析能力和水平。失效分析人员要善于学习，向书本学习，向实践学习，向同行学习，向一切可能共事的人们学习。

发达国家失效分析工作的历史悠久，对失效分析工作的重视和普及程度远高于中国。从事失效分析工作的机构数量多，人员队伍整齐，相应的学会和组织很多。积极参加国际相关学术组织的会议以及重要活动，通过与发达国家的学术交流，学习他们的先进经验，努力扩大加入相应国际组织的数量，有利于提高我国失效分析的能力和水平，逐步缩小与发达国家间在失效分析领域的差距。

随着中国的经济快速发展，特别是制造业的高速发展，中国制造的产品大量出口到世界各地，同时产品失效的现象也越来越多，迫切需要科学、公正和快速的技术分析报告，以此为依据处理产品索赔和责任纠纷等。因此，在开展失效分析，加强国际交流与合作的同时，在今后要逐步建立与不同国家间的分析结果互认。

失效分析的发展趋势将是：简单的断口分析逐步发展为综合分析；单一服役条件下失效的诊断逐步发展为复杂服役条件下失效的诊断；由定性分析向定量分析过渡；变事后分析为事先分析；从单一模式的安全评定向多参数、全过程的安全评定发展；使失效分析从“手艺”技术向失效学学科体系发展；变失效诊断为失效模式、原因、理的诊断；从失效预测向剩余寿命、安全状况、可靠性的预测过渡；失效预防向工程预防、抗失效设计、专家系统发展。因此，需要不断引入新的分析手段和分析方法。

随着科学技术的进步，新材料、新工艺和新技术不断应用，会有新的失效模式不断出现，国内研究单位常常忽视了研制阶段的失效分析工作，特别是研究产品可能出现的失效模式和应采取的措施方面资金和技术力量投入少。因此，应该在新材料、新工艺和新技术研发的同时，应该加强失效模式的研究，变被动的事后分析为主动的事先的诊断和预防。

2 材料失效形式

材料的失效形式（模式）与化学组成、微观结构密切相关。当材料承受外力时，若外加应力超过其临界值，比如屈服强度或抗拉强度，就发生塑性变形而损坏、最终截面分离而断裂。尽管材料失效形态多样，但大致可以分为四种。材料的失效形式如图 2.1 所示，主要为断裂、腐蚀、变形和磨损。占失效比例最大的形式为磨损。

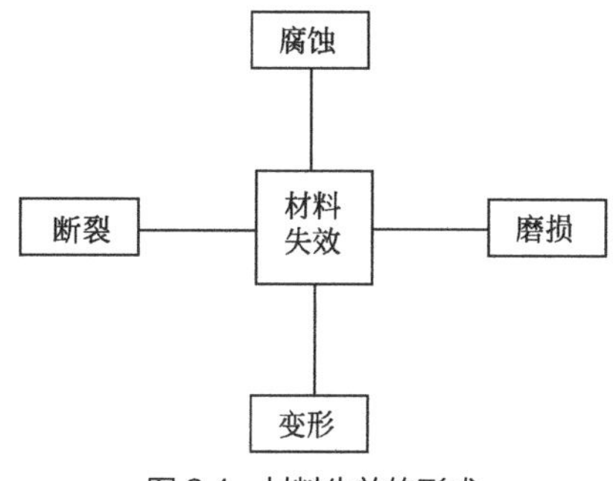

图 2.1　材料失效的形式

2.1　材料的断裂

断裂类型根据断裂的分类方法不同而有很多种，它们是依据一些各不相同的特征来分类的。根据金属材料断裂前所产生的宏观塑性变形的大小可将断裂分为韧性断裂与脆性断裂。韧性断裂的特征是断裂前发生明显的宏观塑性变形，脆性断裂在断裂前基本上不发生塑性变形，是一种突然发生的断裂，没有明显征兆，因而危害性很大。通常，脆性断裂前也产生微量塑性变形，一般规定光滑拉伸试样的断面收缩率小于 5% 为脆性断裂；大于 5% 为韧性断裂。可见，金属材料的韧性与脆性是依据一定条件下的塑性变形量来规定的，随着条件的改变，材料的韧性与脆性行为也将随之变化。

多晶体金属断裂时，裂纹扩展的路径可能是不同的。沿晶断裂一般为脆性断裂，而穿晶断裂既可为脆性断裂（低温下的穿晶断裂），也可以是韧性断裂（如室温下的穿晶断裂）。沿晶断裂是晶界上的一薄层连续或不连续脆性第二相、夹杂物，破坏了晶界的连续性所造成的，也可能是杂质元素向晶界偏聚引起的。应力腐蚀、氢脆、回火脆性、淬火裂纹、磨削裂纹都是沿晶断裂。有时沿晶断裂和穿晶断裂可以混合发生。

按断裂机制又可分为解理断裂与剪切断裂两类。解理断裂是金属材料在一定条件下（如体心立方金属、密排六方金属与合金处于低温、冲击载荷作用），当外加正应力达到一定数值后，以极快速率沿一定晶体学平面的穿晶断裂。解理面一般是低指数或表面能最低的晶面。对于面心立方金属来说，在一般情况下不发生解理断裂，但面心立方金属在非常苛刻的环境条件下也可能产生解理破坏。

通常，解理断裂总是脆性断裂，但脆性断裂不一定是解理断裂，两者不是同义词，它们不是一回事。剪切断裂是金属材料在切应力作用下，沿滑移面分离而造成的滑移面分离断裂，它又分为滑断断裂（又称切离或纯剪切断裂）和微孔聚集型断裂。纯金属尤其是单晶体金属常发生滑断断裂；钢铁等工程材料多发生微孔聚集型断裂，如低碳钢拉伸所致的断裂即为这种断裂，是一种典型的韧性断裂。

根据断裂面取向又可将断裂分为正断型或切断型两类。若断裂面取向垂直于最大正应力，即为正断型断裂；断裂面取向与最大切应力方向相一致而与最大正应力方向约成45°角，为切断型断裂。前者如解理断裂或塑性变形受较大约束下的断裂，后者如塑性变形不受约束或约束较小情况下的断裂。

按受力状态、环境介质不同，又可将断裂分为静载断裂（如拉伸断裂、扭转断裂、剪切断裂等）、冲击断裂、疲劳断裂；根据环境不同又分为低温冷脆断裂、高温蠕变断裂、应力腐蚀和氢脆断裂；而磨损和接触疲劳则为一种不完全断裂。具体分类见图2.2。

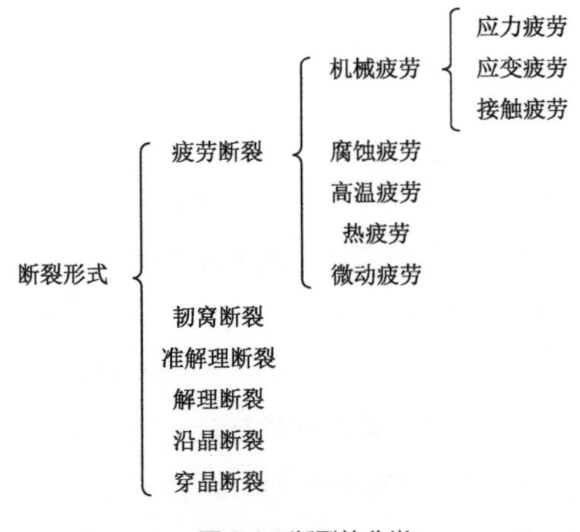

图2.2　断裂的分类

疲劳断裂是金属结构失效的一种主要形式，典型焊接结构疲劳破坏事例表明疲劳断裂概率高，具有广泛研究意义。疲劳破坏发生在承受交变或波动应变的构件中，一般说来，其最大应力低于材料抗拉强度，甚至低于材料的屈服点，因此断裂往往是无明显塑性变形的低应力断裂。

疲劳断裂过程的研究表明，疲劳寿命不是决定于裂纹产生，而是决定于裂纹增大和扩展。

零件在交变应力作用下损坏叫做疲劳破坏。据统计，在机械零件失效中有80%以上属于疲劳破坏。例如：大多数轴类零件，通常受到的交变应力为对称循环应力，这种应力可以是弯曲应力、扭转应力或者是两者的复合。如火车的车轴，是弯曲疲劳的典型，汽车的传动轴、后桥半轴主要是承受扭转疲劳，柴油机曲轴和汽轮机主轴则是弯曲和扭转疲劳的复合。齿轮在啮合过程中，所受的负荷在零到某一极大值之间变化，而缸盖螺栓则处在大拉小拉的状态中，这类情况叫做拉 - 拉疲劳；连杆不同于螺栓，始终处在小拉大压的负荷中，这类情况叫做拉 - 压疲劳。大多数零件的失效是属于疲劳破坏的。

金属零件在使用中发生断裂时并无明显的宏观塑性变形，断裂前没有明显的预兆，而是突然的破坏；引起疲劳断裂的应力一般很低，常常低于静载时的屈服强度；断口上经常可观察到特殊的、反映断裂各阶段宏观及微观过程的特殊花样，而且疲劳破坏能清楚地显示出裂纹的发生、扩展和最后断裂三个组成部分；金属疲劳断裂时载荷应力是交变的，载荷的作用时间较长；断裂是瞬时发生的；无论是塑性材料还是脆性材料，在疲劳断裂区都是脆性的；断裂时还具有高度局部性及对各种缺陷的敏感性等特点。所以，疲劳断裂是工程上最常见、最危险的断裂形式。

产生疲劳断裂的原因，一般认为是由于零件的结构形状不合理，即在零件中的最薄弱的部位存在转角、孔、槽、螺纹等形状的突变而造成过大的应力集中或者材料本身强度较低的部位，例如原有裂纹、软点、脱碳、夹杂、刀痕等缺陷处，在交变或循环应力的反复下产生了疲劳断裂，并随着应力的循环周次而发生扩展，最终使材料发生失效。

2.2 材料的磨损

磨损就是物体工作表面由于相对运动而不断损失的现象。它是伴随摩擦而产生的必然结果，没有摩擦就谈不到磨损。磨损现象复杂，涉及的问题范围很广，各种影响因素错综复杂，仅对表面做宏观观察常常难以彻底认识其机理与规律。磨损之所以受到人们的重视，主要是因为磨损失效导致的损失十分惊人，同时造成的大量的人身伤亡事故。据统计，磨损、断裂和腐蚀是机械零件失效的三种形式，其中磨损失效是包括航空材料在内的机电材料失效的主要原因，约有 70% ～ 80% 的设备损坏是由于各种形式的磨损引起的。因此研究磨损机理和抗磨性措施，是有效地节约材料、提高机械使用寿命和安全稳定性的唯一方法，这对我国国民经济的发展尤其是航天事业的发展具有重要的意义。

磨损问题已成为科学家十分关注的问题之一，关于磨损机理的探究、磨损表面的测试方法以及由磨损衍生的相关学科都得到相应的发展。

目前，对磨损的研究主要有以下几个方面。

① 磨损发生的条件、特征和规律。

② 磨损的影响因素：摩擦副材料、环境介质、表面形态、速度、载荷、表面温度、材料转移等参数。

③ 抗磨损的措施、测试方法、实验分析。

④ 磨损机理、研究磨损的模型、计算方法和磨损的分形。

为了反映零件的磨损，常常需要用一些参量来表征材料的磨损性能。常用的参量有以下几种：

① 磨损量　由于磨损引起的材料损失量称为磨损量，它可通过测量长度、体积或质量的变化而得到，并相应称它们为线磨损量、体积磨损量和质量磨损量。

② 磨损率　以单位时间内材料的磨损量表示，即磨损率 $I=\mathrm{d}V/\mathrm{d}t$（$V$ 为磨损量，t 为时间）。

③ 磨损度　以单位滑移距离内材料的磨损量来表示，即磨损度 $E=\mathrm{d}V/\mathrm{d}L$（$L$ 为滑移距离）。

④ 耐磨性　指材料抵抗磨损的性能，它以规定摩擦条件下的磨损率或磨损度的倒数来表示，即耐磨性 $=\mathrm{d}t/\mathrm{d}V$ 或 $\mathrm{d}L/\mathrm{d}V$。

⑤ 相对耐磨性　指在同样条件下，两种材料（通常其中一种是 Pb-Sn 合金标准试样）的耐磨性之比值，即相对耐磨性 ε_w= 试样耐磨性 / 标样耐磨性。

目前，出现的磨损分类很多，没有完全统一的标准，通常情况下，磨损的分类见表 2.1。

表 2.1　磨损的分类

形式	分类	造成磨损的影响因素
黏着磨损	轻微磨损 涂抹磨损 擦伤磨损 撕脱磨损 咬死磨损	材料特性 压力 滑动速度 表面粗糙度 温度
磨粒磨损	凿削式 高应力碾碎式 低应力擦伤式	金属材料硬度 磨料的硬度 磨料颗粒的大小 金属冷却硬化及冲击条件
疲劳磨损	非扩展性 扩展性	轴承钢质量 渗碳钢的渗碳层 表面硬度
腐蚀磨损	氧化磨损 特殊介质的磨损 微动磨损 气蚀磨损	表面粗糙度 润滑剂

一个摩擦学系统的磨损形式往往是这几种磨损形式的综合作用，一般一段时期以某种磨损形式为主，并伴有其他形式的磨损。

2.2.1 黏着磨损

当摩擦副表面相对滑动时，由于黏着效应所形成的黏着结点发生剪切断裂，被剪切的材料或脱落成磨屑，或由一个表面迁移到另一个表面，此类磨损统称为黏着磨损。

根据黏着点的强度和破坏位置不同，黏着磨损有几种不同的形式，从轻微磨损到破坏性严重的胶合磨损。它们的磨损形式、摩擦系数和磨损度虽然不同，但共同的特征是出现材料的迁移，以及沿滑动方向形成程度不同的划痕。

（1）轻微黏着磨损

当黏结点的强度低于摩擦副的强度时，往往剪切发生在结合面上。此时摩擦系数不断增大，但磨损量却是很小，材料迁移也不显著。通常情况下在金属表面具有氧化膜、硫化膜或其他涂层时发生的磨损属于黏着磨损。

（2）涂抹磨损

当黏结点的强度高于摩擦副中较软材料的剪切强度时，小于较硬金属的强度，破坏将发生在离结合面不远处软材料表层内，因而软材料黏附在硬材料表面上。这种磨损的摩擦系数与轻微磨损差不多，但磨损程度大于轻微黏着磨损。

（3）擦伤磨损

当黏结强度高于摩擦副两材料强度时，剪切破坏主要发生在软金属表层内，有时也发生在硬金属表层内。迁移到硬材料上的黏着物又充当第二相粒子的作用，使软材料表面出现划痕，可见，擦伤主要发生在软材料表面。

（4）胶合磨损

当黏结点强度比摩擦副两材料的剪切强度高得多，而且黏结点面积较大时，剪切破坏发生在一个或两个材料距表层较深的地方。这时材料两表面都出现严重的磨损，甚至出现了使摩擦副之间咬死而不能相对滑动的现象。

2.2.2 磨粒磨损

由外界硬质颗粒或硬表面的微峰在摩擦副对偶表面相对运动过程中引起表面擦伤与表面材料脱落的现象，称为磨粒磨损。其特征是在摩擦副对偶表面沿滑动方向形成划痕。例如：犁耙、挖掘机、铲车等的磨损是典型的磨粒磨损；水轮机叶片和船桨等与含有泥沙的水之间的磨损属于磨粒磨损；PTFE 与 GCr15 钢球之间由于 PTFE 具有自润滑性，磨屑在两个接触面之间起到第二相粒子的作用，形成典型的磨粒磨损。

磨粒磨损有多种分类方法，以力的作用特点来分，可分为以下几种。

（1）低应力划伤式的磨粒磨损

它的特点是磨粒作用于零件表面的应力不超过磨粒的压碎强度，材料表面被轻微划伤。生产中的犁铧，及煤矿机械中的刮板输送机溜槽磨损情况就是属于这种类型。如图2.3所示。

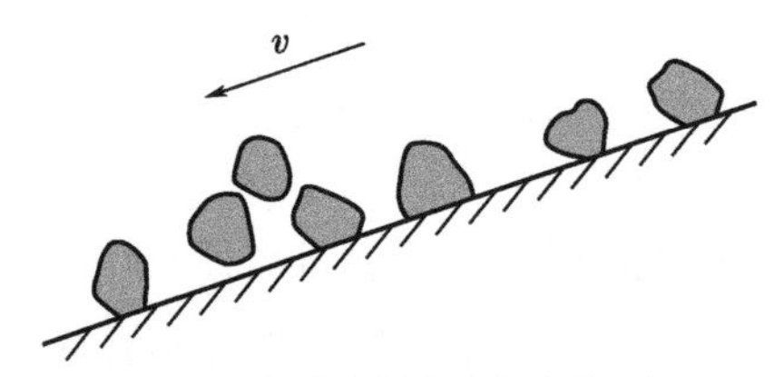

图2.3　低应力划伤式的磨粒磨损

（2）高应力辗碎式的磨粒磨损

特点是磨料与零件表面接触处的最大压应力大于磨粒的压碎强度。生产中球磨机衬板与磨球、破碎式滚筒的磨损便是属于这种类型。如图2.4所示。

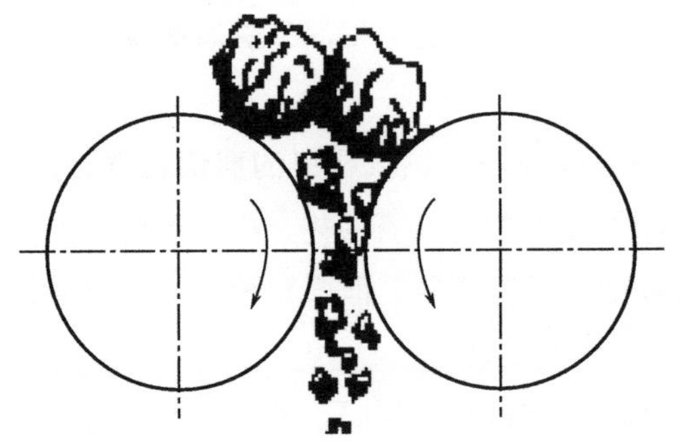

图2.4　高应力辗碎式的磨粒磨损

（3）凿削式磨粒磨损

特点是磨粒对材料表面有大的冲击力，从材料表面凿下较大颗粒的磨屑，如挖掘机斗齿及颚式破碎机的齿板。

磨粒磨损还可以以磨损接触物体的表面分类。

① 磨粒沿一个固体表面相对运动产生的磨损称为二体磨粒磨损。当磨粒运动方向与固体表面接近平行时，磨粒与表面接触处的应力较低，固体表面产生擦伤或微小的犁沟痕迹。如果磨粒运动方向与固体表面接近垂直，常称为冲击磨损。此时，磨粒与表面产生高应力碰撞，在表面上磨出较深的沟槽，并有大颗粒材料从表面脱落，冲击磨损量与冲击能量有关。如图2.5所示。

② 在一对摩擦副中，硬表面的粗糙峰对软表面起着磨粒作用，这也是一种二体磨损，它通常是低应力磨粒磨损。

③ 外界磨粒移动于两摩擦表面之间，类似于研磨作用，称为三体磨粒磨损，通常三体磨损的磨粒与金属表面产生极高的接触应力，往往超过磨粒的压溃强度。这种压应力使韧性金属的摩擦表面产生塑性变形或疲劳，而脆性金属表面则发生脆

裂或剥落。如图 2.6 所示。

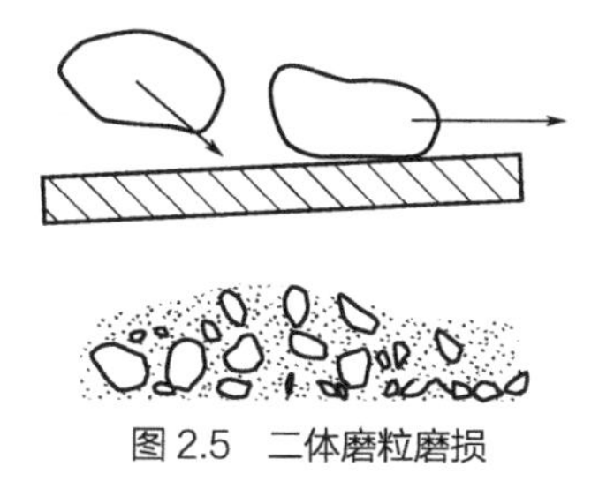

图 2.5 二体磨粒磨损

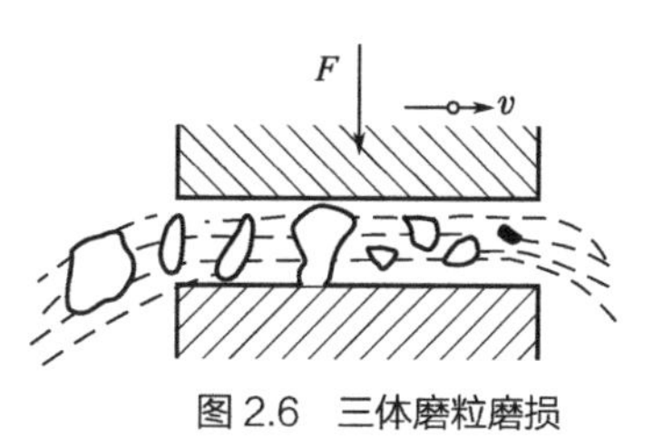

图 2.6 三体磨粒磨损

2.2.3 疲劳磨损

所谓的疲劳是指材料在远低于拉伸强度的交变载荷作用下发生破裂的现象。

所谓的表面疲劳磨损是指两个相互滚动或兼滑动的摩擦表面，在交变接触应力的作用下，表面发生塑性变形，在表面局部引起裂纹，裂纹不断扩大并发生断裂，而造成的剥落现象。实际中发生表面疲劳磨损的例子非常多，例如：滚动轴承、凸轮副、齿轮副等表面都能产生表面疲劳磨损。此外摩擦表面粗糙凸峰周围应力场变化引起的微观疲劳现象也属于表面疲劳磨损。

腐蚀磨损就是在摩擦过程中，由于机械作用以及金属表面与周围介质发生化学或电化学反应，共同引起的表面损伤。

根据介质的性质、作用于摩擦表面的状态以及摩擦材料性能，腐蚀磨损分为：氧化磨损、特殊介质腐蚀磨损、气蚀和微动磨损。

2.3 材料的腐蚀

所有材料都会与周围的环境介质发生相互作用，从生活用品、工业生产到国防工业，腐蚀问题到处存在。可以说，凡有金属使用的地方，就有各种各样的腐蚀问题。尤其在工业生产中，由于介质性质，腐蚀问题变得更为严峻。腐蚀使金属设备发生局部泄漏，导致报废，甚至造成人员重大伤亡，危害性很大。

因此，腐蚀一直是世界各国高度重视并需解决的工程技术难题。

腐蚀损失巨大。1937 年美国壳牌公司（Shell Company）在比利时布鲁塞尔举办的一次腐蚀展览会上放了如下一块展牌：可以推算，全世界每年因腐蚀造成的金属材料损失至少 1 亿吨以上，腐蚀引起的损失占各国 GDP 的 2% ～ 4%。

我国腐蚀损失更惊人。据 2002 年中国工程院咨询项目《中国工业和自然环境腐蚀问题的调查和对策》统计，我国当年因腐蚀造成的直接经济损失超过 5000 亿元；仅海洋腐蚀引起的损失，我国每年就超过 1.5 万亿元。

根据腐蚀机理的不同将腐蚀分成四种，见图 2.7。其中，最重要的是化学腐蚀。

化学腐蚀就是金属与接触到的物质直接发生氧化还原反应而被氧化损耗的过程；电化学腐蚀就是铁和氧形成两个电极，组成腐蚀原电池，因为铁的电极电位总比氧的电极电位低，所以铁是阳极。遭到的腐蚀不管是化学腐蚀还是电化学腐蚀，金属腐蚀的实质都是金属原子被氧化转化成金属阳离子的过程。

自然界中只有极少数金属（例如金、铂等）能以游离状态存在，而大多数金属都需要从它们的矿石中用不同的能量冶炼出来。因此，从热力学观点来看，金属的腐蚀是很自然的事。金属受周围介质的化学及电化学作用而被破坏，这种现象叫做金属的腐蚀。由于腐蚀导致的金属破坏都从表面开始，而破坏的程度，一般来说也是表面最大。在液态和固态电解质中腐蚀过程是电化学过程。因此，腐蚀能否进行取决于金属能否离子化，而金属离子化的趋势可以用电极电位（E）表示。

金属在电解质中的腐蚀是一种电化学变化，它的进行依照法拉第定律及欧姆定律：

$$\Delta W=(E_c-E_a)\,te/(96500AR)$$

式中，e 为常数，如粗略地认为 R 不变时，则腐蚀速率（$\Delta W/t$）与（E_c-E_a）成正比，而与 A 成反比。（E_c-E_a）因极化关系有所变化，因此腐蚀率也会随时间变化；阳极面积 A 较小时，腐蚀率将会随着提高。金属腐蚀时，阳极释放电子的阳极过程和阴极获得电子的阴极过程是在同一金属表面进行的。

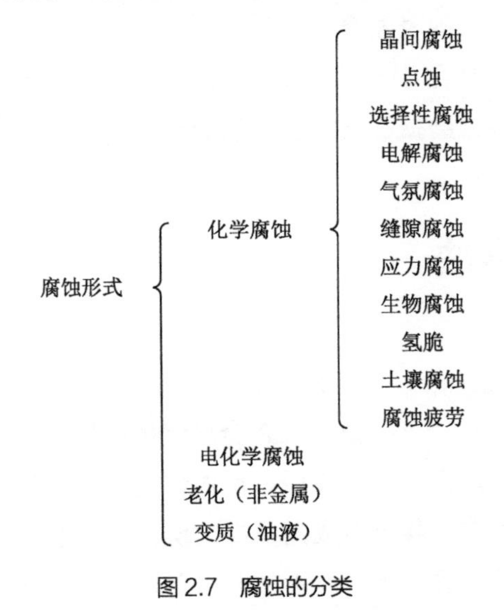

图 2.7　腐蚀的分类

2.4　材料的变形

材料的变形也是一种较为常见的失效形式，具体的变形分类如图 2.8 所示。材料的变形要从材料的应力 - 应变曲线中看出。下面以低碳钢为例介绍低碳钢的应力 - 应变曲线，如图 2.9 所示。

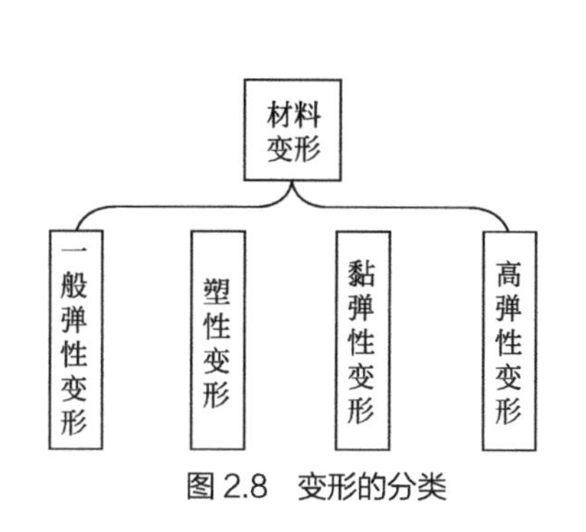

图 2.8　变形的分类

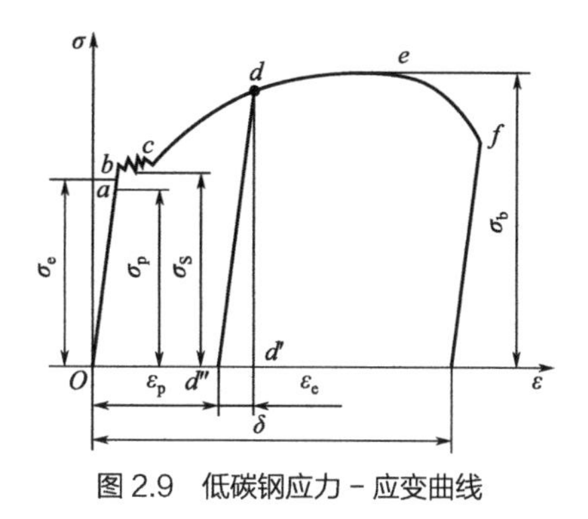

图 2.9　低碳钢应力 - 应变曲线

塑性材料和脆性材料在拉伸试验中，显示出来的力学性能有显著的不同。塑性材料在拉伸试验中会出现四个阶段。

第一阶段，图中为一斜直线——称为弹性阶段，与所受拉力成正比例关系。通常说弹性范围内指的就是这一阶段。

第二阶段，图中出现平台或波动——屈服阶段。即使不增加负荷它仍继续发生明显的塑性变形。规定这一段首次下降的最小荷载荷与初始截面积之比称为屈服强度 σ_s。

第三阶段，钢材内部组织发生变化，抵抗变形能力又重新提高，称为强化阶段。

第四阶段，图中表现从最高点下降，同时试件在某一处出现相对明显缩小部分——颈缩阶段，最后，出现断裂。

脆性材料则变形很小，没有四个阶段，是一条较短曲线。一般情况下。自试验开始，在很小变形下就出现断裂。故只有最大载荷，也就是说只有强度极限 σ_b。

材料失效分析方法

材料的失效分析方法是一门系统工程，其涉及的理论、技术和方法十分复杂，核心是分析的规则和方法论。但在实际的工作中还应该着重考虑失效器件所处的使用环境（温度分布、应力分布、腐蚀环境等）。同时，还应该要求工作人员严格按照实事求是的原则，不要强调个人观点，以客观性为根本原则。作为一名合格的失效分析人员还必须掌握丰富的专业知识，见表3.1。

表3.1 材料失效分析需要掌握的知识

设计	化学成分	产品	性能	模型	—	—
冶金	冶炼	熔炼	粉末冶金	合成	复合	—
成型	凝固	热变形	冷变形	焊接	烧结	切削
强化	热处理	热变形	冷变形	—	—	—
检测	组织分析	结构分析	性能分析	无损探伤	—	—

3.1 断口分析

所谓的断口就是材料断裂处的端面，对断口的分析也就是对端面的形貌进行分析，同时也包括端面结构和成分的分析。断口分析是一门系统工程，在实际工作中，主要考虑材料所处的应力、腐蚀等环境。一般情况下，应遵循实事求是的原则，以客观性为准则，观察时，遵循先宏观后微观、先低倍后高倍、先全局后局部的原则。

断口分析一般涉及宏观分析和微观分析。

（1）宏观分析

用肉眼、放大镜或金相显微镜对断口进行直接观察，依据断口的宏观形貌，初步确定失效模式和断裂起裂点，为深入分析和判明失效原因提供依据。

（2）微观分析

采用多种表征分析仪器对断口进行观察和分析。一般采用扫描电镜（SEM）和能谱仪（EDS），初步观察断口的微观形态、确定材料成分，为后续所需的深度分析比如表面分析指明方向，厘清失效机理，查明失效原因。

3.2 断口的准备和清理

断口及其形貌一定保存完整，这对下一步的分析至关重要。一般情况下，利用锯、切割机等设备对断口试样进行取样。切割时，一定要保证断口形貌信息未受破坏，尤其是注意切割时产生的高温影响断口处的组织和机构，从而影响分析结果。

一般情况下，材料在断裂失效过程中，断口不可避免地会受到其他零件的机械损伤、化学损伤和污染。为了能够更科学地分析材料的断口，需要对断口进行深入的清理，常用的清理方法见表 3.2。

表 3.2 各种断口的清理方法

类型	内容	应用范围
机械剥离法	醋酸纤维纸反复剥离	少量的铁锈
化学腐蚀法	10%H_2SO_4 水溶液 +1% 卵磷脂缓蚀剂清洗	碳钢、合金钢、不锈钢、耐热钢和铝合金
	0.5% 的乙二胺四处酸钠水溶液清洗	铝合金、钛合金、合金钢、不锈钢、耐热钢
	6mol/L HCl 乙醇溶液 +2g/L 六亚甲基四胺，浸渍 1 ～ 30min	钢断口的锈层
	3%HCl 乙醇溶液 +2g/L 六亚甲基四胺，浸渍 1 ～ 10min	钢断口的锈层
	50% 柠檬酸水溶液 +50% 柠檬酸铵水溶液	锈蚀严重的断口
	丙酮 +（0.5% ～ 1%）盐酸	锈蚀严重的断口
阴极电解法	500g NaCl+500g NaOH+5000mL H_2O，电流 4A/cm^2，电压 15V	钢制零件断口的锈层
	$Na_2CO_3$30g+$Na_2SiO_3$20g+$Na_3PO_4$20g+NaOH10g，H_2O1000mL，电流 2 ～ 5A/cm^2	钢制零件断口的锈层
	1%H_2SO_4+2g/L 六亚甲基四胺 +500g NaOH +500mL H_2O，电压 15V，电流 4A/cm^2	钢制零件断口的锈层
真空蒸发法	在真空中加热蒸发，除去低熔点金属覆盖物	液体金属断口

3.3 断口分析技术

断口分析技术主要是利用现代仪器设备对断口的宏观和微观形貌特征进行表征。主要用到金相显微镜、扫描电子显微镜、透射电子显微镜、X 射线衍射仪以及各种硬度计等实验设备。

断口处成分分析对断口分析至关重要，尤其是腐蚀、夹杂、非金属氧化物等因素造成的断裂。断口处成分分析一般是成分定量分析，通常是指断口表面的平均化学成分、微区成分、元素的面分布及线分布、元素沿深度的变化、夹杂物及其他缺陷的化学元素比等参数进行分析和表征。这方面分析所用的实验设备较多，例如：离子探针、俄歇电子谱仪、电子探针、X射线能谱仪、X射线波谱仪等。

断口表面结构分析主要是断口所在面的晶面指数、断口表面微区的结构和残余应力。这方面分析所用的实验设备主要有X射线衍射仪。分析的主要内容是点阵常数的测定、物相分析以及应力测定。

3.4 裂纹分析

裂纹是材料失效的罪魁祸首，是材料的表面或者内部完整性发生破坏的一种现象，是材料断裂的主因。裂纹的分析主要是裂纹的检测、表面的分析、组织结构分析、后期的断口分析。

实际工程中，材料失效时产生的裂纹往往很多，没有必要对所有的裂纹一一检测，只要抓住主要的裂纹进行详细的分析就可以了。裂纹的产生往往是有顺序的，最早产生的裂纹，在外力作用下，不断地长大，不断地扩展，我们把这样的裂纹叫做主裂纹。对主裂纹进行详细的分析，就可以了解材料失效的断裂机理。

确定主裂纹的方法较多，一般有塑性变形量大小确定法、T型法、裂纹分叉法、断面氧化颜色法、疲劳裂纹长度法等。裂纹的形貌分析首先是宏观形貌分析，主要包括：裂纹产生的位置、裂纹的形态、裂纹与应力方向之间的关系、裂纹与材料成型方向之间的关系、裂纹的啮合情况、裂纹尖端的情况、裂纹的起始位置与零件外形之间的关系等。其次是微观形貌分析，主要包括：裂纹的微观形态特征，裂纹扩展的路径，裂纹周围的信息（是否有夹杂和氧化物等），裂纹处是否存在粗大的组织（过热组织、魏氏组织、带状组织、其他反常组织），裂纹源区是否存在加工缺陷、材质缺陷等缺陷，产生裂纹的表面是否存在加工硬化层等内容。最后是裂纹的断口分析。

3.5 痕迹分析

痕迹的分析是材料失效分析中重要的一个环节。可以通过痕迹的分析，了解材料失效分析的发生、发展过程，也可以为最后的结论做一个可靠的科学论证。

所谓的痕迹主要是指材料服役的环境对材料作用后在其表面留下的特征。所以，痕迹的分析包括很多内容，主要有表面形貌的变化、成分的变化、颜色的变化、结构的变化、形状的变化、性能的变化、组织的变化甚至是应力的变化等。痕迹的形貌分析一般先宏观分析痕迹的分布规律，根据痕迹分布的规律挑选有代表性的痕迹进行分析。目前，痕迹的种类主要有机械失效痕迹、机械接触痕迹、腐蚀痕迹、污染痕迹、分离物痕迹、热损伤痕迹、电损伤痕迹、与裂纹有关的痕迹等。

3.6 产物分析

一般情况下，只有失效形式为腐蚀和磨损的，才会产生失效的产物，才会有失效产物的分析。以腐蚀形式发生的失效，将有腐蚀产物的产生；以磨损形式发生的失效，会产生磨损产物，也就是磨屑。失效的产物和材料失效的形式、模式以及机理存在密切的关系。从失效产物可以获得更多的有用的信息。

失效产物形貌分析一般采用金相显微镜和电子显微镜，有的时候还会借助能谱仪。失效产物的结构分析一般采用 X 射线衍射仪和电子衍射仪。失效产物的成分分析主要包括常规的、局部的、表面的和微区的分析。

4 检测技术——金相分析

金相分析在材料研究领域占有十分重要的地位，是研究材料内部组织的主要手段之一。对摩擦磨损实验后的试样表面进行金相分析，是研究摩擦磨损机理的重要手段之一。试样摩擦表面组织的变化，一方面侧面反映摩擦过程中摩擦表面产生的温度高低问题，便于研究温度对后期摩擦过程和摩擦形式的影响；另一方面试样摩擦表面组织的变化，能够更清晰地证明摩擦后期实际两接触表面的真实状况，有利于更科学地研究摩擦磨损机理。

4.1 金相显微镜

金相显微镜是进行金属显微分析的主要工具。将专门制备的金属试样放在金相显微镜下进行放大和观察，可以研究金属组织与其成分和性能之间的关系；确定各种金属经不同加工及热处理后的显微组织；鉴别金属材料质量的优劣，如各种非金属夹杂物在组织中的数量及分布情况，以及金属晶粒度大小等。因此，利用金相显微镜来观察金属的内部组织与缺陷是金属材料研究中的一种基本实验技术。

简单地讲，金相显微镜是利用光线的反射将不透明物件放大后进行观察的。

4.1.1 光学显微镜的构造

金相显微镜的种类和形式很多，最常见的有台式、立式和卧式三大类。金相显微镜的构造通常由光学系统、照明系统和机械系统三大部分组成，有的显微镜还附带有多种功能及摄影装置。目前，已把显微镜与计算机及相关的分析系统相连，能更方便、更快捷地进行金相分析研究工作。

（1）光学系统

其主要构件是物镜和目镜，它们主要起放大作用，并获得清晰的图像。物镜的优劣直接影响成像的质量。而目镜是将物镜放大的像再次放大。

（2）照明系统

主要包括光源和照明器以及其他主要附件。

① 光源的种类　包括白炽灯（钨丝灯）、卤钨灯、碳弧灯、氙灯和水银灯等。常用的是白炽灯和氙灯，一般白炽灯适应于作为中、小型显微镜上的光源使用，电压为 6 ～ 12V，功率 15 ～ 30W。而氙灯通过瞬间脉冲高压点燃，一般正常工作电压为 18V，功率为 150W，适用于特殊功能的观察和摄影之用。一般大型金相显微镜常同时配有两种照明光源，以适应普通观察和特殊情况的观察与摄影之用。

② 光源的照明方式　主要有临界照明和科勒照明。散光照明和平行光照明适应于特殊情况使用。

a. 临界照明：光源的像聚焦在样品表面上，虽然可得到很高的亮度，但对光源本身亮度的均匀性要求很高。目前很少使用。

b. 科勒照明：特点是光源的一次像聚焦在孔径光栏上，视场光栏和光源一次像同时聚焦在样品表面上，提供了一个很均匀的照明场，目前广泛使用。

c. 散光照明：特点是照明效率低，只适应投射型钨丝灯照明。

d. 平行光照明：照明的效果较差，主要用于暗场照明，适应于各类光源。

③ 光路形式　按光路设计的形式，显微镜有直立式和倒立式两种。样品磨面向上，物镜向下的为直立式。样品磨面向下，物镜向上的为倒立式。

④ 孔径光栏和视场光栏　孔径光栏位于光源附近，用于调节入射光束的粗细，以改变图像的质量。缩小孔径光栏可减少球差和轴外像差，加大衬度，使图像清晰，但会使物镜的分辨率降低。视场光栏位于另一个支架上，调节视场光栏的大小可改变视域的大小，视场光栏愈小，图像衬度愈佳，观察时调至与目镜视域同样大小。

⑤ 滤色片　用于吸收白光中不需要的部分，只让一定波长的光线通过，获得优良的图像。一般有黄色、绿色和蓝色等。

（3）机械系统

主要包括载物台、镜筒、调节螺丝和底座。

① 载物台　用于放置金相样品。

② 镜筒　用于连接物镜、目镜等部件。

③ 调节螺丝　有粗调和细调螺丝，用于图像的聚焦调节。

④ 底座　起支承镜体的作用。

4.1.2　金相显微镜的基本原理和主要性能指标

金相显微镜的基本原理为光学放大原理。

（1）光学放大原理

金相显微镜是依靠光学系统实现放大作用的，其基本原理如图 4.1 所示。光学系统主要包括物镜、目镜及一些辅助光学零件。对着被观察物体 AB 的一组透镜叫

物镜 O_1；对着眼睛的一组透镜叫目镜 O_2。现代显微镜的物镜和目镜都是由复杂的透镜系统所组成。

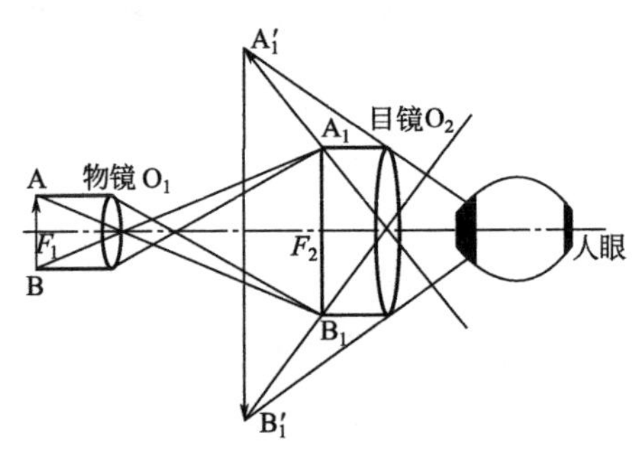

图 4.1 金相显微镜的光学放大原理示意图

光学显微镜的放大倍数可达到 1600 ～ 2000 倍。当被观察物体 AB 置于物镜前焦点略远处时，物体的反射光线穿过物镜经折射后，得到一个放大的倒立实像 A_1B_1（称为中间像）。若 A_1B_1 处于目镜焦距之内，则通过目镜观察到的物像是经目镜再次放大了的虚像 $A_1'B_1'$ 。由于正常人眼观察物体时最适宜的距离是 250mm（称为明视距离），因此在显微镜设计上，应让虚像 $A_1'B_1'$ 正好落在距人眼 250mm 处，以使观察到的物体影像最清晰。

（2）主要性能指标

① 放大倍数　显微镜的放大倍数为物镜放大倍数 $M_{物}$和目镜放大倍数子 $M_{目}$的乘积，即：

$$M=M_{物}M_{目}=\frac{L}{f_{物}}\frac{D}{f_{目}}$$

式中　$f_{物}$——物镜的焦距，

$f_{目}$——目镜的焦距；

L——显微镜的光学镜筒长度；

D——明视距离（250mm）。

$f_{物}$和 $f_{目}$越短或 L 越长，则显微镜的放大倍数越高。有的小型显微镜的放大倍数需再乘一个镜筒系数，因为它的镜筒长度比一般显微镜短些。

显微镜的主要放大倍数一般是通过物镜来保证，物镜的最高放大倍数可达 100 倍，目镜的放大倍数可达 25 倍。在物镜和目镜的镜筒上，均标注有放大倍数，放大倍数常用符号“×”表示，如 100×，200× 等。

② 鉴别率　金相显微镜的鉴别率是指它能清晰地分辨试样上两点间最小距离 d 的能力。d 值越小，鉴别率越高。根据光学衍射原理，试样上的某一点通过物镜成像后，我们看到并不是一个真正的点像，而是具有一定尺寸的白色圆斑，四周围绕着许多衍射环。当试样上两个相邻点的距离极近时，成像后由于部分重叠而不能分清为两个点。只有当试样上两点距离达到某一 d 值时，才能将两点分辨清楚。

显微镜的鉴别率取决于使用光线的波长（λ）和物镜的数值孔径（A），而与目

镜无关，其 d 值可由下式计算

$$d=\frac{\lambda}{2A}$$

在一般显微镜中，光源的波长可通过加滤色片来改变，例如：蓝光的波长（λ=0.44μm）比黄绿光（λ=0.55μm）短，所以鉴别率较黄绿光高 25%。当光源的波长一定时，可通过改变物镜的数值孔径 A 来调节显微镜的鉴别率。

③ 物镜的数值孔径　物镜的数值孔径表示物镜的聚光能力，如图 4.2 所示。数值孔径大的物镜聚光能力强，能吸收更多的光线，使物像更清晰，数值孔径 A 可由下式计算

$$A=n\sin\varphi$$

式中　n——物镜与试样之间介质的折射率；

φ——物镜孔径角的一半，即通过物镜边缘的光线与物镜轴线所成夹角。

n 越大或 φ 越大，则 A 越大，物镜的鉴别率就越高。由于 φ 总是小于 90° 的。所以在空气介质（n=1）中使用时，A 一定小于 1，这类物镜称干系物镜。若在物镜与试样之间充满松柏油介质（n=1.52），则 A 值最高可达 1.4，这就是显微镜在高倍观察时用的油浸系物镜（简称油镜头）。每个物镜都有一个额定 A 值，与放大倍数一起标刻在物镜头上。

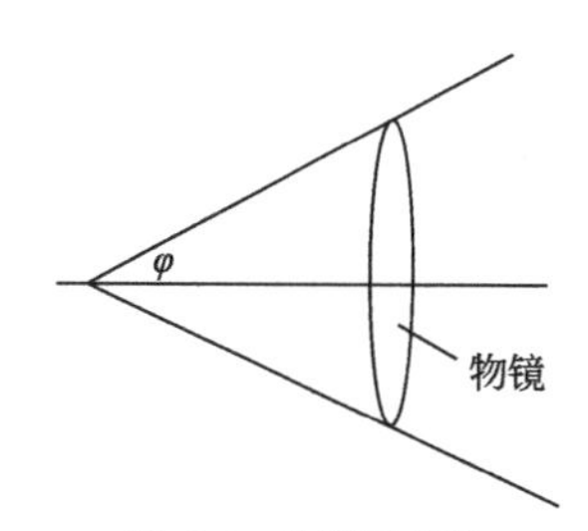

图 4.2　物镜孔径角

④ 放大倍数、数值孔径、鉴别率之间的关系　显微镜的同一放大倍数可由不同倍数的物镜和目镜组合起来实现，但存在着如何合理选用物镜和目镜的问题。这是因为：人眼在 250mm 处的鉴别率为 0.15 ～ 0.30mm，要使物镜可分辨的最近两点的距离 d 能为人眼所分辨，则必须将 d 放大到 0.15 ～ 0.30mm，即

$$dM=0.15\sim0.30\ (\text{mm})$$

由于 $d=\frac{\lambda}{2A}$，则：

$$M=\frac{1}{\lambda}(0.3\sim0.6)A$$

在常用光线的波长范围内，上式可进一步简化为

$$M\approx 500A\sim1000A$$

所以，显微镜的放大倍数 M 与物镜的数值孔径之间存在一定关系，其范围称有效放大倍数范围。在选用物镜时，必须使显微镜的放大倍数在该物镜数值孔径的 500

倍至1000倍之间。若 $M < 500A$，则未能充分发挥物镜的鉴别率。若 $M > 1000A$，则由于物镜鉴别率不足而形成“虚伪放大”，细微部分仍分辨不清。

⑤ 像差　单片透镜在成像过程中，由于几何条件的限制及其他因素的影响，常使影像变得模糊不清或发生变形现象，这种缺陷称为像差。由于物镜起主要放大作用，所以显微镜成像的质量主要取决于物镜，应首先对物镜像差进行校正，普通透镜成像的主要缺陷有球面像差和色像差两种。

a. 球面像差　如图4.3所示，当来自A点的单色光（即某一特定波长的光线）通过透镜后，由于透镜表面呈球面形，折射光线不能交于一点，从而使放大后的影像变得模糊不清。

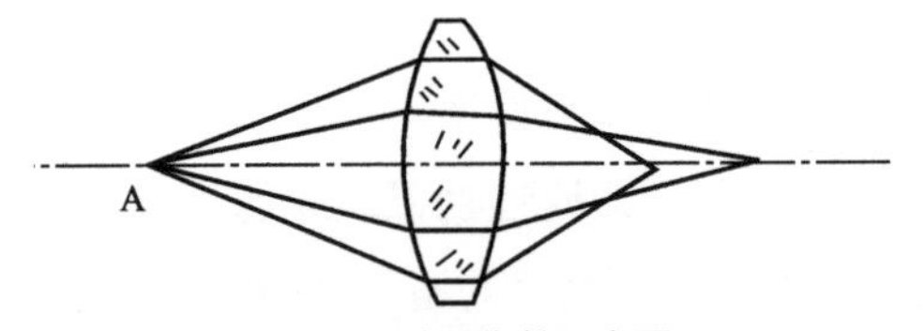

图4.3　球面像差示意图

为降低球面像差，常采用由多片透镜组成的透镜组，即将凸透镜和凹透镜组合在一起（称为复合透镜）。由于这两种透镜的球面像差性质相反，因此可以相互抵消。除此之外，在使用显微镜时，也可采取调节孔径光栏的方法，适当控制入射光束粗细，让极细的一束光通过透镜中心部位，这样可将球面像差降至最低限度。

b. 色像差　如图4.4所示，当来自A点的白色光通过透镜后，由于组成白色光的七种单色光的波长不同，其折射率也不同，使折射光线不能交于一点，紫光折射最强，红光折射最弱，结果使成像模糊不清。

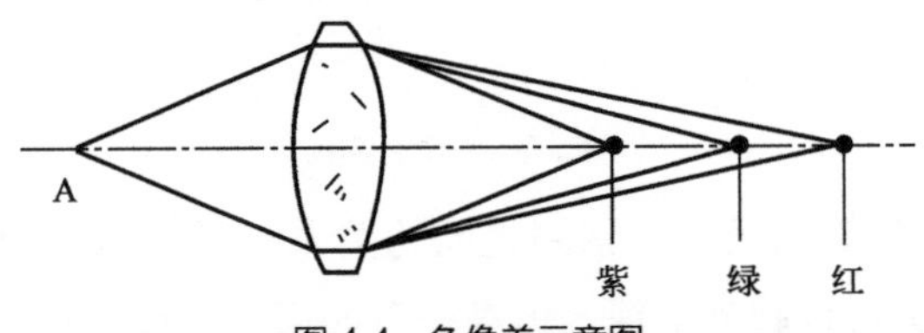

图4.4　色像差示意图

为消除色像差，一方面可用消色差物镜和复消色差物镜进行校正。消色差物镜常与普通目镜配合，用于低倍和中倍观察；复消色差物镜与补偿目镜配合，用于高倍观察。另一方面可通过加滤色片得到单色光，常用的滤色片有蓝色、绿色和黄色等。

4.2　光学显微镜的使用

金相显微镜的构造通常均由光学系统、照明系统和机械系统三大部分组成，有的显微镜还附带照像装置和暗场照明系统等。现以国产XJB-1型金相显微镜为例进行说明，其主要结构如图4.5、图4.6所示。

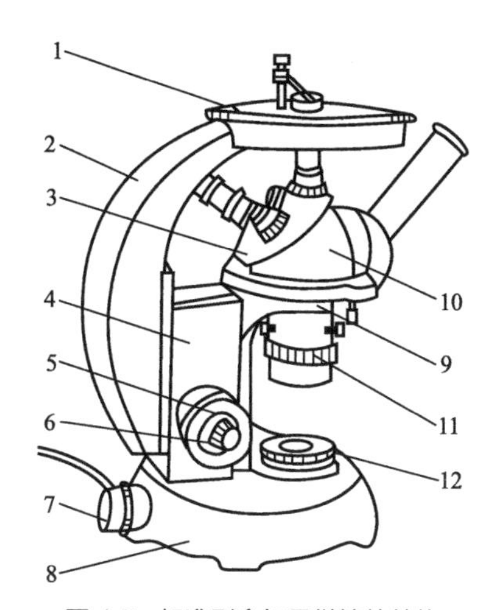

图 4.5 标准型金相显微镜的结构

1—载物台；2—镜臂；3—物镜转换器；4—微动座；5—粗动调焦手轮；6—微动调节手轮；7—照明装置；8—底座；9—平台托架；10—碗头组；11—视场光阑；12—孔径光阑

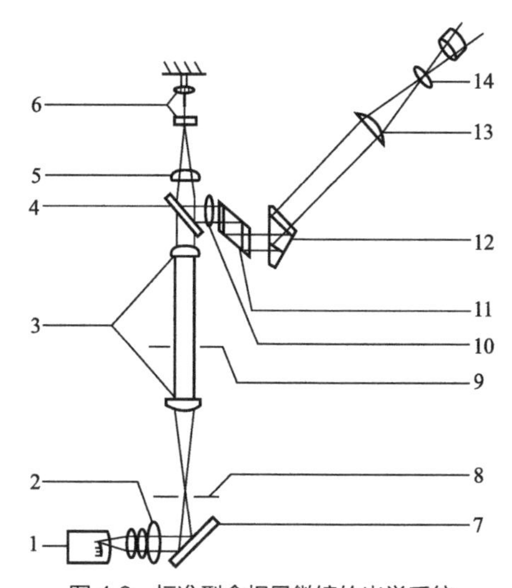

图 4.6 标准型金相显微镜的光学系统

1—灯泡；2—聚光镜组（一）；3—聚光镜组（二）；4—半反射镜；5—辅助透镜（一）；6—物镜组；7—反光镜；8—孔径光阑；9—视场光阑；10—辅助透镜（二）；11、12—棱镜；13—场镜；14—接目镜

金相显微镜是一种精密光学仪器，在使用时要求细心和谨慎，严格按照使用规程进行操作。

① 将显微镜的光源插头接在低压（6 ～ 8V）变压器上，接通电源。

② 根据放大倍数，选用所需的物镜和目镜，分别安装在物镜座上和目镜筒内，旋动物镜转换器，使物镜进入光路并定位（可感觉到定位器定位）。

③ 将试样放在样品台上中心，使观察面朝下并用弹簧片压住。

④ 转动粗调手轮先使镜筒上升，同时用眼观察，使物镜尽可能接近试样表面（但不得与之相碰），然后反向转动粗调手轮，使镜筒渐渐下降以调节焦距，当视场亮度增强时，再改用微调手轮调节，直到物像最清晰为止。

⑤ 适当调节孔径光栏和视场光栏，以获得最佳质量的物像。

⑥ 如果使用油浸系物镜，可在物镜的前透镜上滴一些松柏油，也可以将松柏油直接滴在试样上，油镜头用后，应立即用棉花蘸取二甲苯溶液擦净，再用擦镜纸擦干。

金相显微镜使用过程中，还应注意以下事项。

① 操作应细心，不能有粗暴和剧烈动作，严禁自行拆卸显微镜部件。

② 显微镜的镜头和试样表面不能用手直接触摸，若镜头中落入灰尘，可用镜头纸或软毛刷轻轻擦拭。

③ 显微镜的照明灯泡必须接在 6 ～ 8V 变压器上，切勿直接插入 220V 电源，以免烧毁灯泡。

④ 旋转粗调和微调手轮时，动作要慢，碰到故障应立即报告，不能强行用力转动，以免损坏机件。

5 检测技术——硬度分析

硬度反映了材料弹塑性变形特性，是一项重要的力学性能指标。与其他力学性能的测试方法相比，硬度实验具有下列优点：试样制备简单，可在各种不同尺寸的试样上进行实验，实验后试样基本不受破坏；设备简便，操作简便，测量速度快。所以，硬度实验在实际中得到广泛的应用。硬度和材料的摩擦磨损性能之间存在一定的关系，通常情况下，材料的硬度越大，摩擦系数越小，耐磨性越好；材料的硬度越小，摩擦系数越大，耐磨性越差。所以，研究材料的摩擦磨损性能，有必要对其摩擦表面的硬度进行研究。本节主要介绍洛氏硬度计的基本构造及使用。

5.1 洛氏硬度计的构造

洛氏硬度计种类很多，构造各不相同，但构造原理及主要部件都相同。具体结构示意图如图 5.1 所示。

洛氏硬度测量时，旋转手轮 3 工作台 5 抬升，使试样与压头 7 接触，继续旋转手轮，通过压头和压轴 8 顶起杠杆 10，并带动指示器表盘 9 的指针转动，待指示器表盘中小针对准黑点，大针置于垂直向上位置时（左右偏移不超过 5 格），试样即施加了初载荷。随后转动指示器表盘，使大针对准“0”（测 HRB 时对准“30”）。接下来旋转转盘 4，在砝码 11 重量的作用下，顶杆 12 便在缓冲器 15 的控制下匀缓下降，使主载荷通过杠杆压轴和压头作用于试样上。停留数秒钟后再扳动手柄 2，使转盘顺时针方向转动至原来被锁住的位置。由于转盘上齿轮使扇齿轮 13、齿条 14 同时运转而将顶杆顶起，卸除了主载荷。这时指示器指针所指的读数即为所求的洛氏硬度值（HRC 和 HRA 读外圈黑色的 C 标尺，HRB 读内圈红色的 B 标尺）。

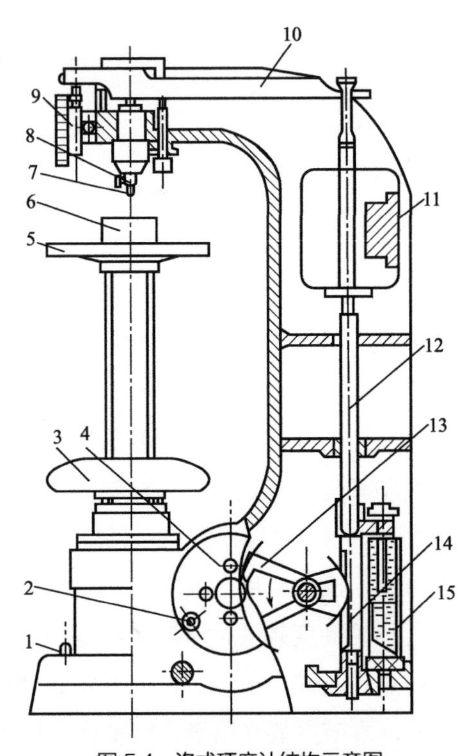

图 5.1 洛式硬度计结构示意图

1—按钮；2—手柄；3—手轮；4—转盘；5—工作台；6—试样；7—压头；8—压轴；9—指示器表盘；10—杠杆；11—砝码；12—顶杆；13—扇齿轮；14—齿条；15—缓冲器

5.2 洛氏硬度测试法

洛氏硬度计测量法是最常用的硬度实验方法之一。它是用压头（金刚石圆锥或淬火钢球）在载荷（预载荷和主载荷）作用下，压入材料的塑性变形深度来表示的。通常压入材料的深度越大，材料越软；压入的深度越小，材料越硬。为了适应人们习惯上数值越大硬度越高的概念，人为规定，用一常数 K 减去压痕深度的数值来表示硬度的高低。并规定 0.002mm 为一个洛氏硬度单位，用符号 HR 表示。使用金刚石圆锥压头时，常数 K 为 0.2mm，硬度值由黑色表盘表示；使用钢球（ϕ=1.588mm）压头时，常数 K 为 0.26mm，硬度值由红色表盘表示。

洛氏硬度计的压头共有 5 种，其中最常用的有两种：一种是顶角为 120° 的金刚石圆锥压头，用来测试高硬度的材料；另一种是淬火钢球，用来测软材料的硬度。对于特别软的材料，有时还使用钢球做压头，不过这种压头用得比较少。

为扩大洛氏硬度的测量范围，可用不同的压头和不同的总载荷配成不同标度的洛氏硬度。洛氏硬度共有 15 种标度供选择，它们分别是：HRA，HRB，HRC，HRD，HRE，HRF，HRG，HRH，HRK，HRL，HRM，HRP，HRR，HRS，HRV。其中最常用的几种标度见表 5.1。

表 5.1　各种洛氏硬度值的符号及应用

标度符号	压头	总载荷/N（kgf）	表盘上刻度颜色	常用硬度值范围	应用举例
HRA	金刚石圆锥	588.6（60）	黑色	78～85	碳化物、硬质合金、表面淬火钢等
HRB	1.588mm 钢球	981（100）	红色	25～100	软钢、退火钢、铜合金
HRC	金刚石圆锥	1471.5（150）	黑色	20～67	淬火钢、调质钢等
HRD	金刚石圆锥	981（100）	黑色	40～77	薄钢板、中等厚度的表面硬化工件
HRE	3.175mm 钢球	981（100）	红色	70～100	铸铁、铝、镁合金、轴承合金
HRF	1.588mm 钢球	588.6（60）	红色	40～100	薄板软钢、退火铜合金
HRG	1.588mm 钢球	1471.5（150）	红色	31～94	磷青铜、铍青铜
HRH	3.175mm 钢球	588.6（60）	红色	—	铝、锌、铅

检测技术——SEM 分析

断裂表面形貌的分析是材料失效分析最重要的组成部分。在材料失效分析的相关研究中，断裂表面形貌反映了材料的失效状态，对材料表面形貌的分析是研究其失效形式的一种重要方法。断裂表面形貌的研究对材料失效机制的判断非常重要，因为针对不同的失效机制，可以提出预防失效损失的措施。一直以来，失效分析研究者对于断裂表面形貌的表征提出了很多的方法，但也存在一些问题，如一些检测及表征手段借鉴于机械加工领域中对于表面形貌的表征方法，对于断裂表面形貌的准确表征具有一定的局限性，因而，积极研究断裂表面的形貌分析，对材料失效分析领域问题的研究具有指导意义。

6.1 扫描电子显微镜的构造

扫描电镜主要由以下部件构成：电子光学系统，包括电子枪、电磁透镜和扫描线圈等；机械系统，包括支撑部分、样品室；真空系统；样品所产生信号的收集、处理和显示系统。

扫描电镜的构造示意图如图 6.1 和图 6.2 所示。

（1）电子光学系统

电子光学系统主要包括电子枪、电磁聚光镜、扫描线圈、光阑组件。

为了获得较高的信号强度和扫描像，由电子枪发射的扫描电子束应具有较高的亮度和尽可能小的束斑直径。

常用的电子枪有三种：普通热阴极三极电子枪、六硼化镧阴极电子枪和场发射电子枪，其性能见表 6.1。

电磁聚光镜的功能是把电子枪的束斑逐级聚焦缩小，因照射到样品上的电子束光斑越小，其分辨率就越高。

扫描电镜通常都有三个聚光镜，前两个是强透镜，缩小束斑，第三个透镜是弱透镜，焦距长，便于在样品室和聚光镜之间装入各种信号探测器。为了降低电子束的发散程度，每级聚光镜都装有光阑。为了消除像散，装有消像散器。

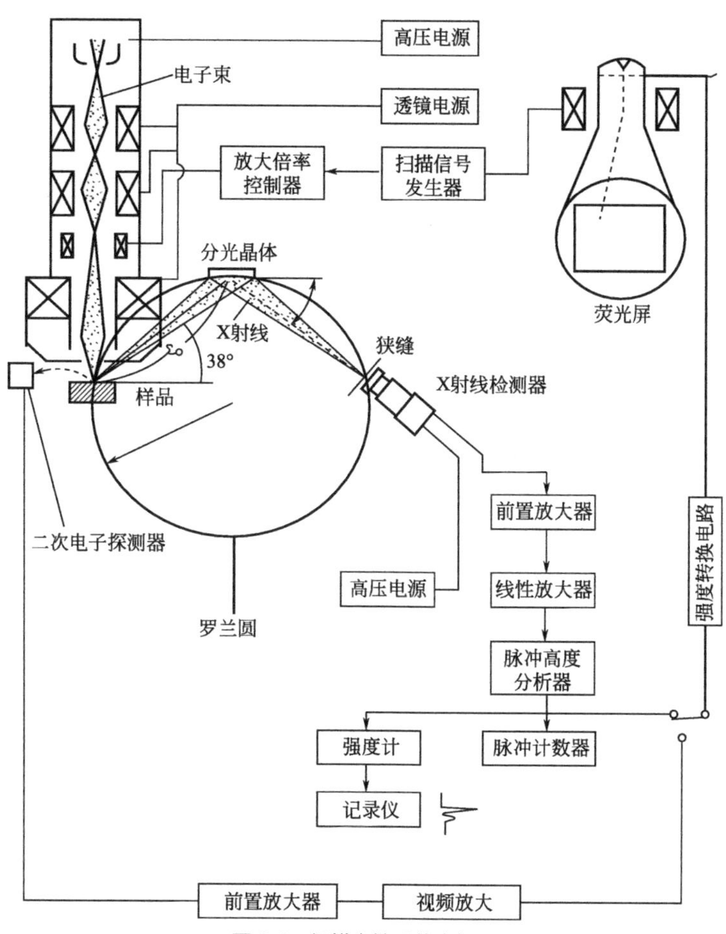

图 6.1　扫描电镜系统方框图

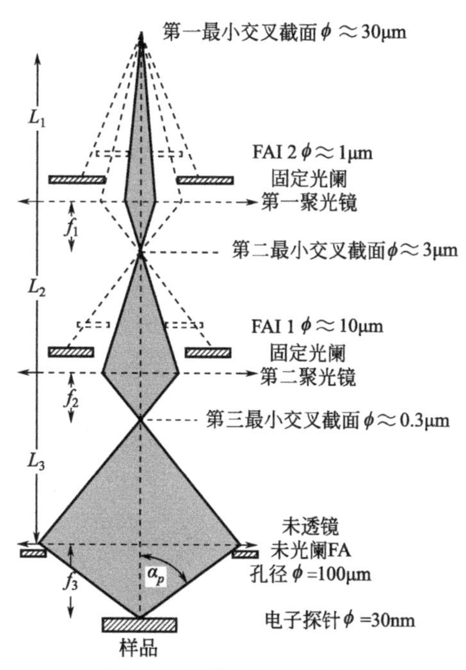

图 6.2　扫描电镜电子光路图

表 6.1　几种类型电子枪性能比较

电子枪类型		热电子发射		场发射		
		W	LaB_6	热阴极 FEG		冷阴极 FEG W（310）
				ZrO/W（100）	W（100）	
亮度（在 200kV 时）/($A\cdot cm^{-2}\cdot str^{-1}$)		约 5×10^{5}	约 5×10^{6}	约 5×10^{8}	约 5×10^{8}	约 5×10^{8}
光源尺寸		50m	10μm	0.1 ～ 1μm	10 ～ 100μm	10 ～ 100μm
能量发散度 /eV		2.3	1.5	0.6 ～ 0.8	0.6 ～ 0.8	0.3 ～ 0.5
使用条件	真空度 /Pa	10^{-3}	10^{-5}	10^{-7}	10^{-7}	10^{-8}
	温度 /K	2800	1800	1800	1600	300
发射	电流 /μA	约 100	约 20	约 100	20 ～ 100	20 ～ 100
	短时间稳定度	1%	1%	1%	7%	5%
	长时间稳定度	1%/h	3%/h	1%/h	6%/h	5%/15min
	电流效率	100%	100%	10%	10%	1%
维修		无需	无需	安装时稍费时间	更换时要安装几次	每隔数小时必须进行一次闪光处理
价格 / 操作性		便宜 / 简单	便宜 / 简单	贵 / 容易	贵 / 容易	贵 / 复杂

扫描线圈的作用是使电子束偏转，并在样品表面做有规则的扫动，电子束在样品上的扫描动作和在显像管上的扫描动作由同一扫描发生器控制，保持严格同步。

当电子束进入偏转线圈时，方向发生转折，随后又由下偏转线圈使它的方向发生第二次转折，再通过末级透镜的光心射到样品表面。在上下偏转线圈的作用下，在样品表面扫描出方形区域，相应地在样品上也画出一副比例图像。

（2）机械系统

机械系统包括支撑部分和样品室。样品室中有样品台和信号探测器，样品台除了能夹持一定尺寸的样品，还能使样品作平移、倾斜、转动等运动，同时样品还可在样品台上加热、冷却和进行力学性能实验（如拉伸和疲劳）。

（3）真空系统

如果真空度不足，除样品被严重污染外，还会出现灯丝寿命下降、极间放电等问题。对于像 Sirion200 型这种场发射灯丝扫描电镜而言，样品室的真空一般不得低于 1×10^{-5}Pa，它由机械真空泵和分子泵来实现；电镜镜筒和灯丝室的真空不得低于 4×10^{-7}Pa，它由离子泵来实现。

（4）信号的收集、处理和显示系统

样品在入射电子束作用下会产生各种物理信号，有二次电子、背散射电子、特征 X 射线、阴极荧光和透射电子。不同的物理信号要用不同类型的检测系统。它大致可分为三大类，即电子检测器、阴极荧光检测器和 X 射线检测器。

6.2 扫描电子显微镜的使用

（1）开机（电源开关和准备开关均为打开状态）

① 开水（系统不报警方可）。

② 开总电源。

③ 电气柜后面开关打开，将自动 / 手动（AUTO/MAN）开关拔到自动（AUTO）的位置，此时电炉进行加热。

④ 抽真空 30min 后，断开准备开关。

⑤ 开系统软件。

⑥ 打开主机前面面板上的电气柜开关（CONSOLE POWER），抽真空 10min。

（2）准备观测图像

① 打开 V1 阀，此时镜筒真空已准备好，用左手延径水平方向拉开 V1 阀，阀杆下面的弹片将 V1 阀固定在打开位置。

② 加高压（30kV）导电性不好的产品（20 ～ 25kV），加高压时最好按着每步的速度逐步增加，如果长按按钮，高压会连续快速增加，不容易控制到要求的数值。

③ 调节对比度和亮度：a. 调节对比度，使图像上出现一些噪声为最佳，一般情况下在 60 左右；b. 调节图像亮度，使屏幕显示的灰度合适，一般情况下，相应的数字参数值为 0 ～ 20 左右。

④ 加灯丝：顺时针慢慢旋转灯丝加热旋钮，直至发射束流饱和，灯丝加热旋钮指示正常，调节偏压束流为 100μA 左右。

⑤ 机械对中：每次换灯丝后需旋转镜筒头上的三个螺钉，使图像显示到最清楚的点。

⑥ 物镜光阑对中（合轴）：

a. 选区，并挑选图像上的一个特征点；

b. 选择放大倍数 1000 ～ 2000 范围；

c. 反复调节粗调，使图像聚焦至不聚焦往返进行，观察图像的移动；

d. 调节物镜光阑的两个螺钮，使图像不发生位移或图像移动最小为止。

⑦ 像散消除：选择“选区”位置，从放大倍数 1000 倍开始消像散，增加到欲观察的放大倍数下再次消像散直至图像没有拉长现象。

⑧ 拍照、保存。

（3）系统停机

① 关闭加热灯丝：逆时针旋转灯丝加热旋钮到底，旋钮标记指示在“ON”的位置，束流显示的束流为 0UA。

② 将对比度降至最低，使其数字参数值为0，关闭高压，使其数字参数值为0。

③ 关闭V1阀：用左手将V1阀阀杆下面的弹片沿上按在阀杆上，用手掌径向水平推V1阀，当V1阀完全推到底后，再用力推一下V1阀的阀杆，确保V1阀完全关闭。

④ 关闭主机面板上的电气柜开关，打开准备开关，将主机后的开关自动/手动（AUTO）/（MAN）打到手动（MAN）的位置，冷却电炉30min。

⑤ 关闭系统软件—关电气柜开关（后）—关总电源—关水。

（4）注意事项

① 进入工作室严禁大声喧哗。

② 在真空度没有达到要求之前，镜筒隔离阀V1决不能打开。

③ 在扩散泵开始加热20min期间，主阀V5决不能打开。

④ 真空控制方式从手动转自动时，要特别注意每个手动阀门是否为关闭状态。

⑤ 在没有进入高真空之前，决不能接通探测器高压，电子枪及灯丝加热电源。

⑥ 不要在关控制台电源（CONSOLE POWER）的同时，立刻放气到样品室和电子枪，以免引起电子枪探测器上残余高压放电，损坏灯丝及闪烁体。

⑦ 不要在通电情况下，进行印刷板及导线插头的插接。

⑧ 如果镜筒部分没有放气，不要拔掉物镜光阑杆。

⑨ 在样品室放气的情况下，不要手动打开主阀和V1阀。

⑩ 长时间不使用电镜时，每周至少保持抽真空两次，保持机器内真空度良好。

⑪ 观察机械泵的油不少于2/3。

⑫ 停水的时候，机器会出现报警，此时将主机后面板打开，接一盆凉水，用湿布给电炉手动降温，直至电炉不再热为止（30min左右）最后再关闭电气柜开关和总电源。

第 2 部分

金属材料失效分析案例

案例1 腐蚀失效

某工厂氨水槽在使用过程中发生泄漏

案例分析

【背景】

某工厂用于贮存氨水的容器在长期使用过程中发生氨水泄漏，该容器为焦化回收系统中盛放剩余氨水之用，槽体由Q235B钢板制成，从下往上共七层钢板焊接而成，焊接采用电弧焊。槽体承受的压力为常压，氨水温度为68～73℃。

【知识点】

本案例涉及Q235B钢板的热处理工艺、加工工艺，钢板之间的焊接工艺、容器存放的实际环境、容器存放所承受的外在条件对裂纹扩展的影响等。

【重难点】

本案例涉及的重难点知识是容器存放过程中，氨水接触到槽体表层的组织、结构上的缺陷，与槽体热处理工艺和成型工艺之间的关系。

【关键问题】

本案例需要解决的关键问题是容器在使用过程中，槽体与腐蚀介质之间的关系问题，以及在这种介质条件下，发生腐蚀的类型和预防的措施。

【方法】

首先对已失效的容器表面进行多次清洗，吹干，并详细地观察是否出现裂纹、裂纹的扩展方向、裂纹的形态，分别沿着焊缝裂纹的平行和垂直方向取样，以备后续的观察使用；依据标准GB/T 20123、GB/T 20125对槽体进行化学成分分析；利用金相显微镜对经镶嵌、磨制、抛光、腐蚀后的试样进行组织观察，了解裂纹的微观形态和材料的组织结构；利用密闭的器皿将试样存放起来，保持周围环境的干燥，以便后续继续使用。

【结果】

本案例通过宏观检验、化学成分分析、金相检验等手段对氨水槽泄漏原因进行分析。结果表明，在较高焊接应力和氨水的共同作用下产生应力腐蚀是造成氨水槽泄漏的主要原因。具体的实验结果如下。

1.检验

（1）宏观检验

图 1 为泄漏氨水槽的宏观形貌，可见，该氨水槽的焊缝及母材均存在多处泄漏痕迹。从焊缝泄漏处及母材泄漏处分别截取试样，对泄漏处进行清洗，吹干后进行观察。在焊缝泄漏处发现贯穿焊缝的宏观裂纹，裂纹垂直于焊缝，呈树枝状，裂纹形貌见图 2。在母材泄漏处的内表面发现一条宏观裂纹，裂纹形貌见图 3。

图 1　泄漏氨水槽的宏观形貌

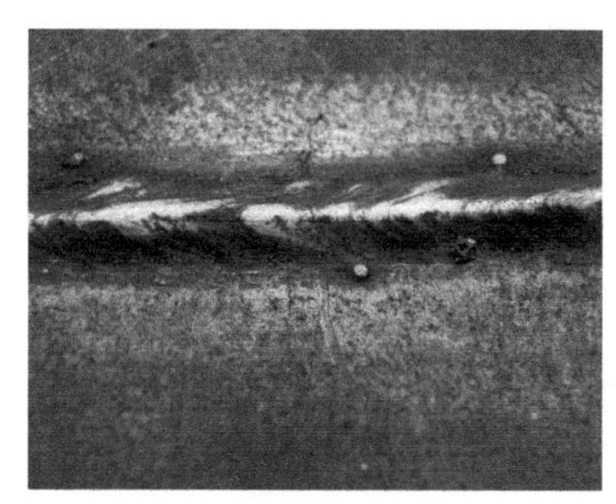

图 2　焊缝泄漏处宏观裂纹

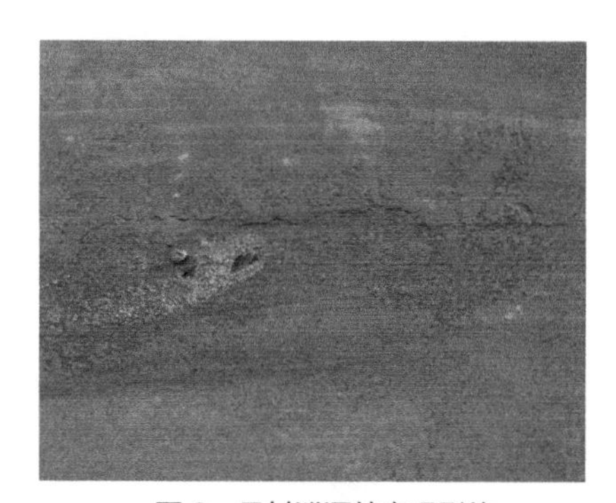

图 3　母材泄漏处宏观裂纹

（2）化学成分分析

从泄漏氨水槽上取样，并按标准 GB/T 20123、GB/T 20125 进行化学成分分析，结果见表 1。可见，该氨水槽的化学成分符合标准 GB/T 700《碳素结构钢》对 Q235B 的要求。

表 1　化学成分检测结果　　　　单位：%（质量分数）

项目	C	Si	Mn	P	S
实测值	0.17	0.14	1.32	0.013	0.004
标准值	≤ 0.20	≤ 0.35	≤ 1.40	≤ 0.045	≤ 0.045

（3）金相检验

在焊缝裂纹处从平行焊缝及垂直焊缝的两个方向上将焊缝剖开，分别截取试样。试样经镶嵌、磨制、抛光后，在光学显微镜下观察。在平行焊缝方向试样上发现一条树枝状裂纹。经4%硝酸酒精腐蚀后，发现裂纹从表层向厚度方向延伸，贯穿整个焊道，见图4。裂纹为典型的沿晶裂纹，见图5。在垂直焊缝方向的试样上发现多条裂纹，经4%硝酸酒精腐蚀后，发现裂纹存在于靠近焊缝的母材上，且裂纹平行于轧制方向扩展，见图6。

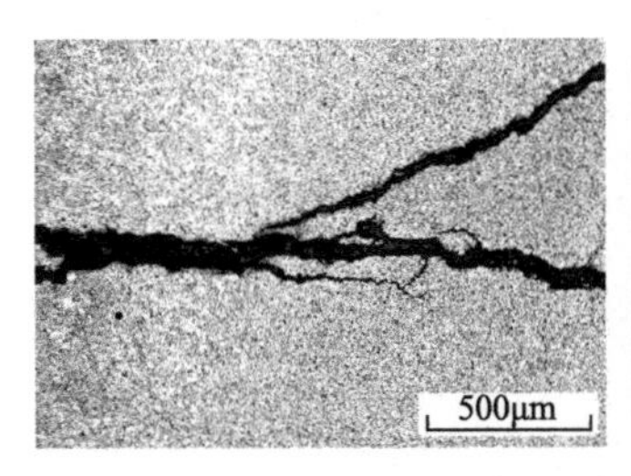

图4　贯穿焊道的裂纹

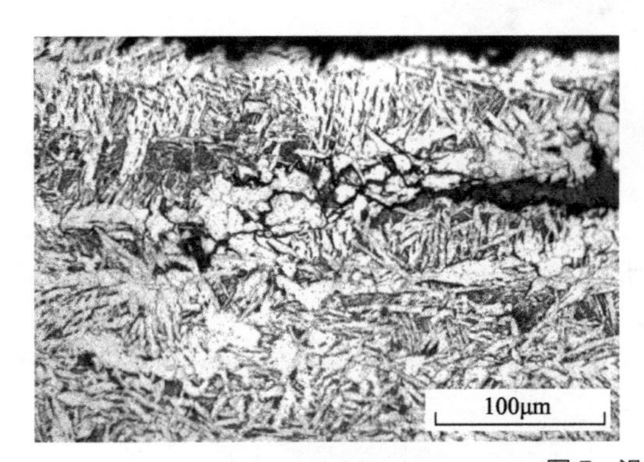

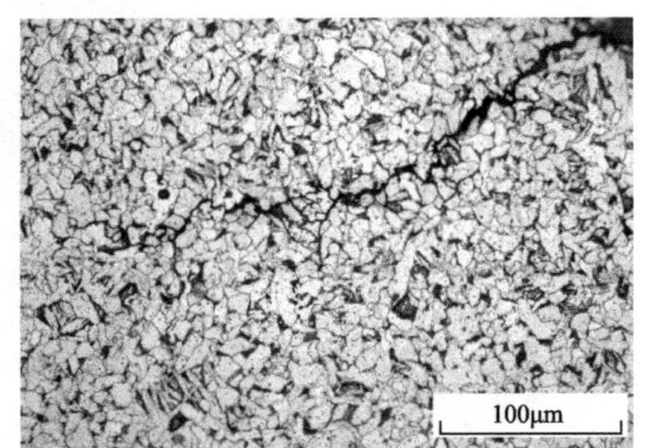

图5　沿晶裂纹

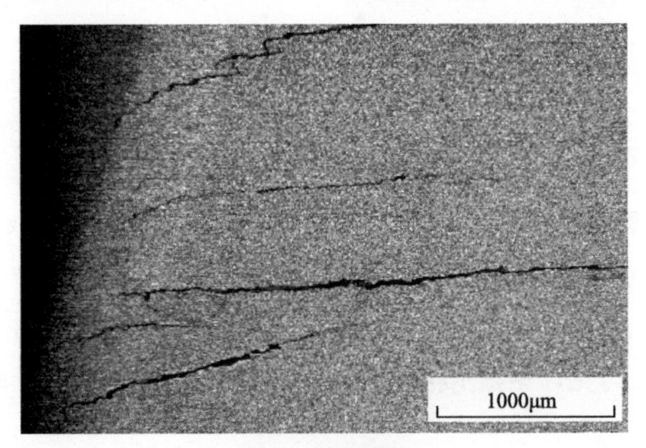

图6　裂纹形貌

在母材裂纹处截取试样。试样经镶嵌、磨制、抛光后，在光学显微镜下观察。发现多条微裂纹，裂纹呈树枝状，见图7。钢板母材显微组织为铁素体＋珠光体，组织呈带状分布。材料中未发现明显的冶金缺陷，显微组织分布均匀，发现极个别非金属夹杂物。

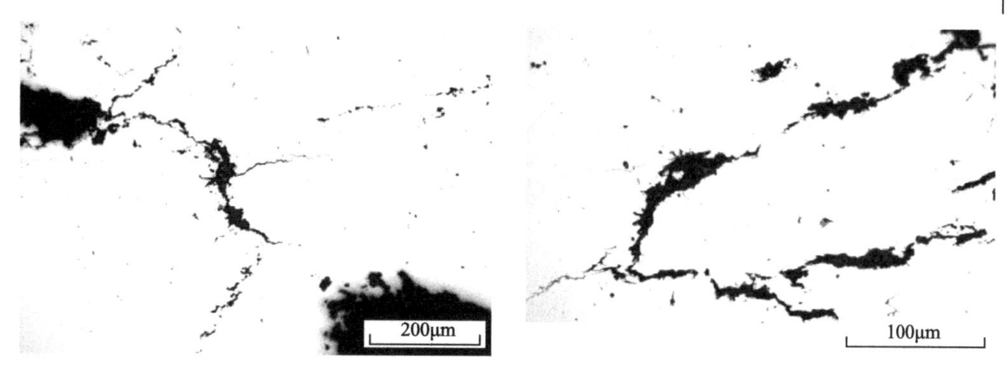

图7 树枝状裂纹形貌

2.分析与讨论

（1）裂纹形态分析

通过宏观检验，在焊缝泄漏处发现贯穿焊缝且方向垂直于焊缝的横向裂纹，初步认为该处裂纹为应力腐蚀裂纹[1]。金相检验结果显示，母材泄漏处出现的裂纹呈树枝状，裂纹存在多处分支，且沿晶界分布，属于典型的应力腐蚀[1]。

（2）泄漏原因分析

① 众所周知，产生应力腐蚀基本条件有3个，材料因素、环境因素和应力因素。在应力腐蚀系统中，应力和腐蚀的作用不是简单的叠加，而是相互促进的。碳钢在H_2S水溶液、NaOH溶液、硝酸及硝酸盐溶液等腐蚀介质中易发生应力腐蚀[2]，而有关碳钢在氨水中的应力腐蚀报导较少。有发现造成氨水槽（材料为Q235A）泄漏失效的原因是应力腐蚀[3]。也有研究发现循环氨水管道在残余应力和氨水介质腐蚀的联合作用下诱发了管道的应力开裂[4]。由此可见在一定应力条件下，碳钢在氨水介质中为应力腐蚀敏感材料。

② 应力因素。氨水槽在工作状态中只承受自重，并不受其他外加载荷，所以管道制造和焊接产生的残余应力成为母材处和焊缝处应力腐蚀开裂的应力来源。由于焊接是局部加热，熔池与母材间存在的温差巨大，使焊接接头产生很大的内应力和变形，造成了焊接条件下的复杂转变应力，使焊接接头成为应力腐蚀的敏感区，最终导致焊缝处发生泄漏。罐体母材出现的多处泄漏，说明钢板自身存在较高的残余应力。有研究发现[5]，仅有8mm氨水槽母材残余应力高达$0.8\sigma_s$以上。由于供货原始状态不详，无法对板材做出进一步评价。笔者认为应对该板材的原始状态进行检验及追究。

焊接生产中由于钢种和结构的类型不同，可能出现各种裂纹。按产生裂纹的本质来分，大体上可分为五大类：热裂纹、再热裂纹、冷裂纹、层状撕裂和应力腐蚀裂纹[1]。通过对裂纹出现位置、裂纹走向和被焊材料的综合分析，认为裂纹不是在焊接过程中产生，而是在服役过程中产生的应力腐蚀裂纹。

另外，氨水槽槽体振动造成的疲劳也对其泄漏产生一定的影响。有报道[5]指出，由于压力泵工作及由此造成的氨水流动，氨水槽及输送管道均有明显振动，日积月累，实为低周疲劳问题，而在所有影响疲劳抗力的因素中，残余应力是最重要的因素之一。如果承受拉伸残余应力，会使疲劳强度下降。

③ 腐蚀介质。氨水为应力腐蚀提供了特定的介质条件。有报道[3]指出，在碱性环境中，普通碳钢会形成一种以 Fe_3O_4 或 Fe_2O_3 为主要成分的保护膜，同时晶界上有碳化物和氮化物的析出以及夹杂物的影响，使晶界上的表面膜不稳定，较易溶解，在外应力作用下，产生了膜的晶界裂纹，使新暴露出来的铁产生 FeO_2^- 的选择性溶解，形成了应力腐蚀，而氨水槽中氨水浓度在随时改变，交替作用严重，使材料最终裂穿。研究认为氨水中的 Cl^-、OH^-、HS^-、NH_4^+ 等离子为其应力腐蚀提供了特定的腐蚀性介质[4,5]。

3.结论与改进措施

（1）结论

造成氨水槽泄漏的原因是应力腐蚀，由于制造和焊接使得槽体内部存在较高残余应力，致使在应力集中处萌生裂纹，在氨水共同作用下，裂纹沿晶界扩展，最终导致氨水槽泄漏。

（2）改进措施

对氨水槽进行有效的热处理，以有效降低整体残余应力水平。装配过程中应避免在管道上留下各种形式的伤痕，防止其成为应力腐蚀裂纹的诱因。在使用过程中加强日常监测。

参考文献

[1] 张文钺．焊接冶金学：基本原理[M]．北京：机械工业出版社，1999.
[2] 张熠．石油炼厂碳钢管线的硫化物应力腐蚀开裂敏感性研究［D］．大连理工大学，2009.
[3] 周艳玲，刘其国．3P_1402B 氨水槽泄漏事故分析［J］．理化检验：物理分册，2002, 38(1): 565-567.
[4] 王永林，余钱．循环氨水管道泄漏原因分析及防漏措施［J］．安徽冶金，2010, (2): 39-42.
[5] 张亦良，徐学东，肖述红．残余应力对氨水贮槽泄漏影响的分析［J］．压力容器，2003, 20(9): 41-44.

案例 2 工艺不合理

某工厂供热管道在使用过程中发生开裂

案例分析

【背景】

某热电厂供热管道在使用近 2 个月时发生开裂。该管道材质为 Q235B，管内流动介质为软化水蒸气，蒸汽温度在 270 ~ 278℃之间，管内压力为 50 ~ 60N。

【知识点】

本案例涉及 Q235B 管道的热处理工艺、供热管道使用的实际环境、组织结构缺陷、供热管道所承受的外在条件对裂纹扩展的影响等。

【重难点】

本案例涉及的重难点知识是供热管道存放过程中，开裂处表层的组织、结构上的缺陷，与供热管道热处理工艺之间的关系。

【关键问题】

本案例需要解决的关键问题是供热管道在使用过程中，供热管道使用的环境与开裂处材料表层的组织结构之间的关系问题，以及发生开裂的原因和预防的措施。

【方法】

首先对已开裂的供热管道表面进行多次清洗，吹干，详细地观察是否出现裂纹、裂纹的扩展方向、裂纹的形态，分别沿着裂纹的平行和垂直方向取样，以备后续的观察使用；利用直读光谱仪依据标准 GB/T 4336《碳素钢和中低合金钢火花源原子发射光谱法（常规法）》对管道进行化学成分分析；利用金相显微镜对经镶嵌、磨制、抛光、腐蚀后的试样进行组织观察，了解裂纹的微观形态和材料的组织结构；利用密闭的器皿将试样存放起来，保持周围环境的干燥，以便后续继续使用。

【结果】

本案例主要通过金相分析、化学成分分析、宏观和微观检验等方法分析了供热管道开裂原因。结果表明，由于供热管道热处理工艺选择不当，导致沿铁素体晶界析出大量成网状、链状分布的三次渗碳体，割裂了基体连续性，大大降低了供热管道的塑性和韧性，导致供热管道在使用过程中产生开裂。具体的实验结果如下。

1. 检验

（1）宏观分析

图 1、图 2 为供热管道的开裂形貌。开裂发生在管壁处，裂纹分为主裂纹和次裂纹，主裂纹沿管道环向延伸。第一条次裂纹与主裂纹约成 90° 角，而第二条次裂纹与主裂纹约成 30° 角。从开裂处剖开，开裂口严重锈蚀，不能看清断口宏观形貌，周围无明显宏观塑性变形。

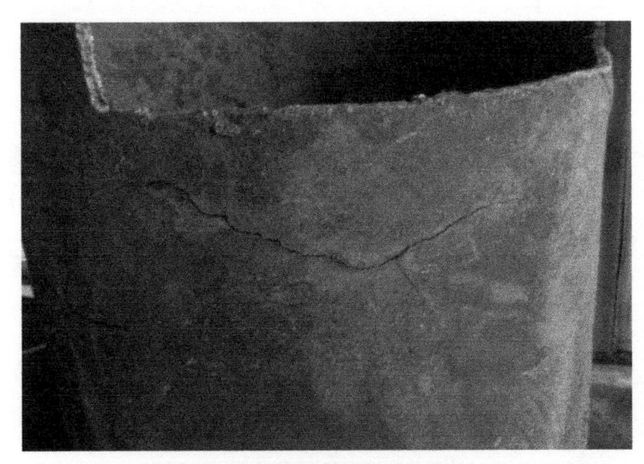

图 1　供热管道的开裂形貌（一）

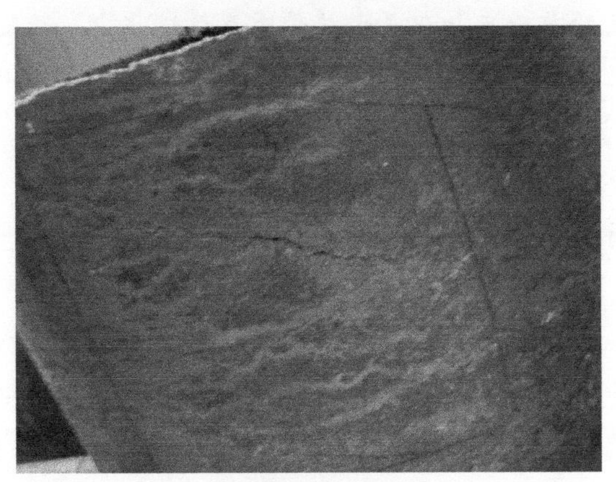

图 2　供热管道的开裂形貌（二）

（2）化学成分分析

在开裂供热管道上取样，并按国家标准进行化学成分分析，结果见表 1。分析结果说明该供热管道化学成分符合 GB/T 700《碳素结构钢》标准中对 Q235B 的要求。

表 1　开裂供热管道的化学成分　　　　单位: %（质量分数）

项目	C	Si	Mn	P	S
实测值	0.14	0.19	0.35	0.035	0.026
标准值	≤ 0.20	≤ 0.35	≤ 1.40	≤ 0.045	≤ 0.045

（3）金相检验

图 3 为从开裂管道上取下的一部分，在开裂处的横、纵两个方向上分别截取试样，经镶嵌、磨制、抛光后，在显微镜下观察。横向试样发现多条裂纹，其中一条

最长的裂纹如图4～图6所示。裂纹较粗大，且弯曲。主裂纹边缘尚有细小的次裂纹，次裂纹似沿晶界分布。纵向试样有一条垂直于管壁的裂纹，如图7所示。将试样用4%硝酸酒精溶液浸蚀后，在显微镜下观察。显微组织为铁素体+珠光体+三次渗碳体，如图8、图9所示。三次渗碳体沿铁素体晶界成链状、网状析出，如图10～图13所示。并且观察到裂纹沿晶界扩展，如图14～图17所示。

图3　取样部位

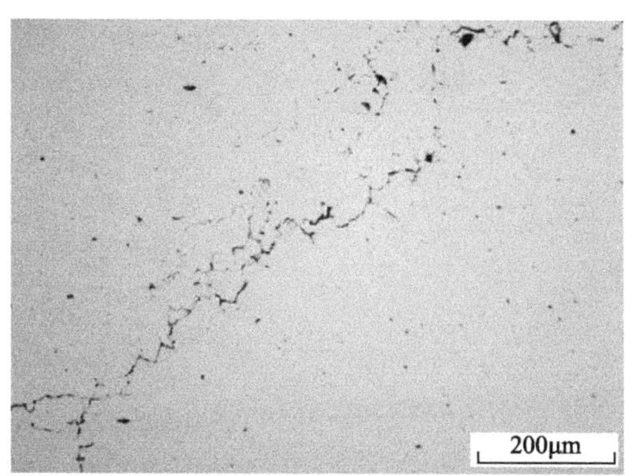

图4　横向试样裂纹形貌（一）

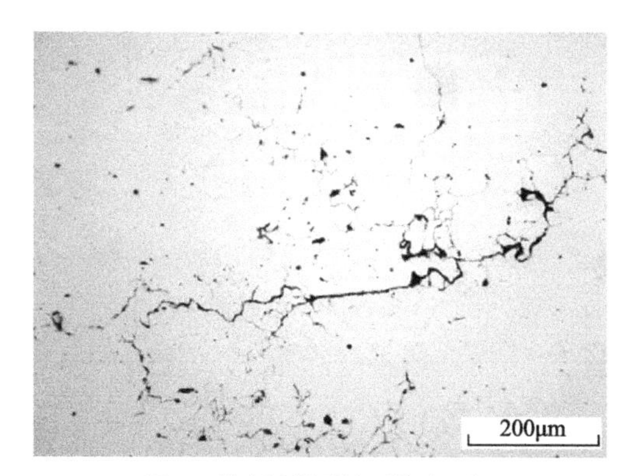

图5　横向试样裂纹形貌（二）

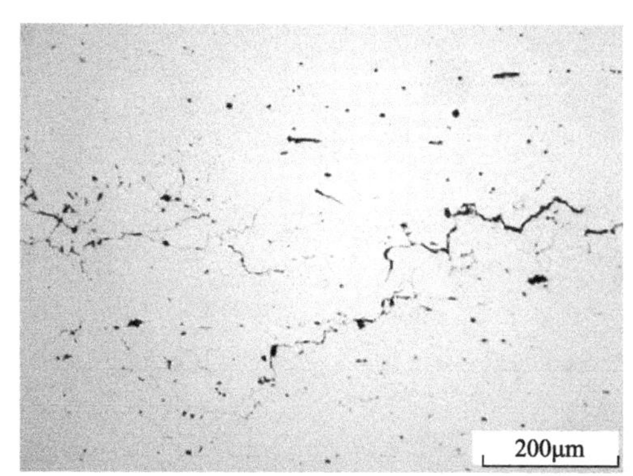

图6　横向试样裂纹形貌（三）

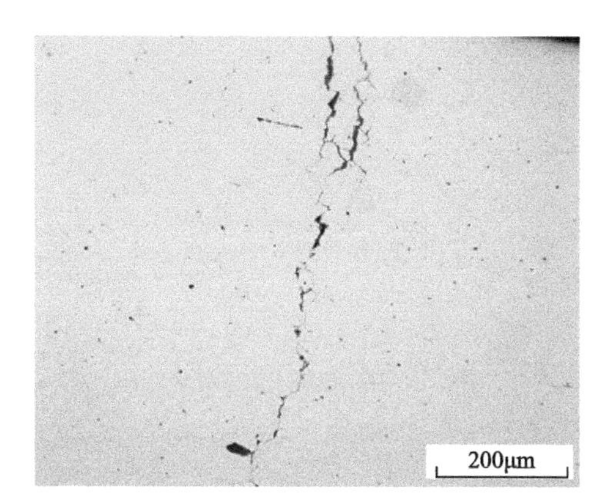

图7　纵向试样裂纹形貌

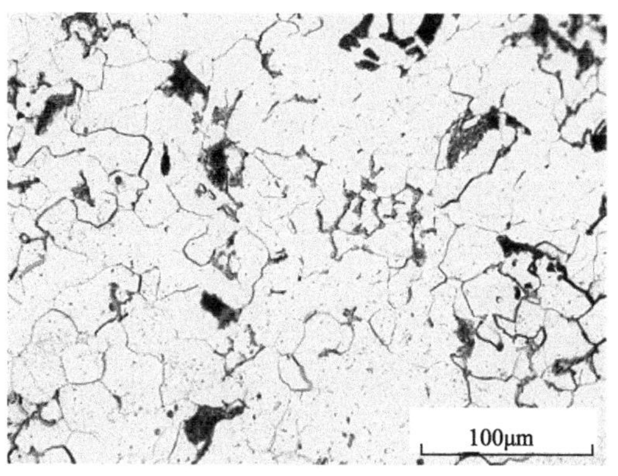

图8　显微组织（横向试样）

图 9　显微组织（纵向试样）

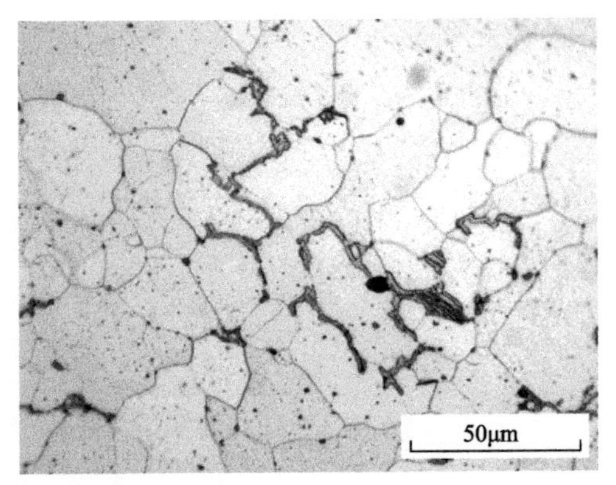

图 10　横向试样三次渗碳体（一）

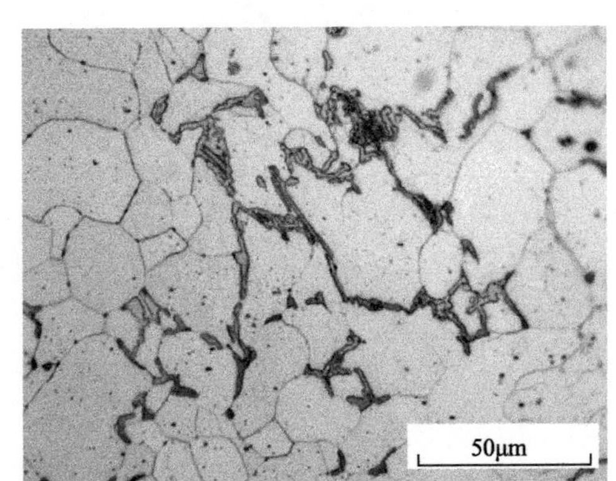

图 11　横向试样三次渗碳体（二）

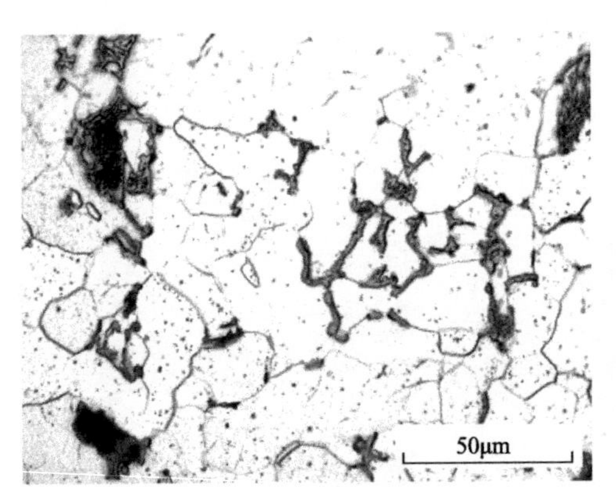

图 12　横向试样三次渗碳体（三）

图 13　纵向试样三次渗碳体

图 14　裂纹沿晶界扩展（一）

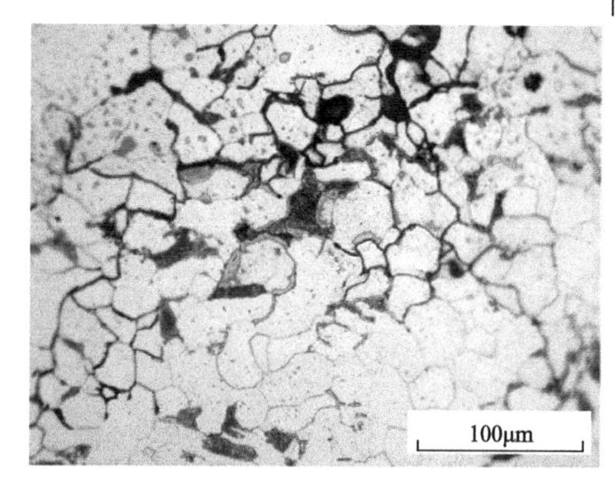

图 15　裂纹沿晶界扩展（二）

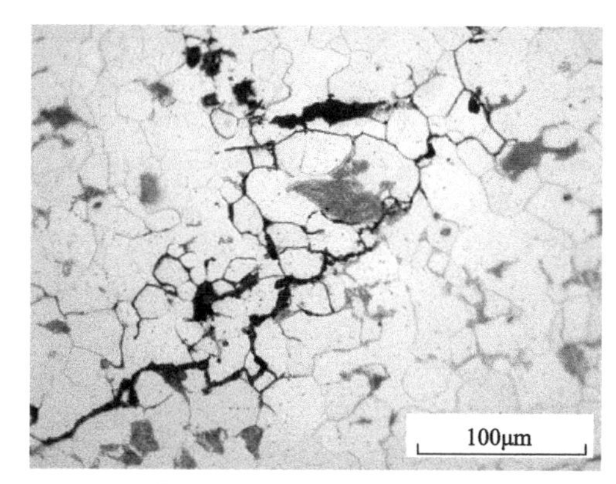

图 16　裂纹沿晶界扩展（三）

图 17　裂纹沿晶界扩展（纵向试样）

2. 分析与讨论

综合上述检测结果，开裂的供热管道化学成分符合要求。

由金相检验结果可知，显微组织中存在三次渗碳体。硬、脆三次渗碳体的析出将导致材料塑性、韧性恶化。特别是当三次渗碳体沿晶界析出或成链状分布时，将破坏金属连续性，有时将会导致开裂。

裂纹沿晶界扩展，随着裂纹的扩展，在裂纹尖端处应力继续增大和集中，裂纹不断发展，在管道压力的作用下沿壁厚方向扩展，并与其他裂纹汇合，最终导致管道开裂。

由于退火工艺不当，导致在缓冷时铁素体晶界处析出链状、网状分布的三次渗碳体。

Q235B 正常退火处理的显微组织应为铁素体 + 珠光体。该供热管道显微组织中出现三次渗碳体，是由于对供热管道进行退火时，工艺选择不当，导致在缓冷时三次渗碳体沿铁素体晶界析出[1]。三次渗碳体硬且脆，它的出现大大降低了供热管道的塑性和韧性。特别是三次渗碳体沿铁素体晶界成网状、链状析出，破坏了基体连续性，在晶界处产生应力集中，受力的作用，形成微裂纹。由于晶界是隔开两个不同结晶学取向晶粒的区域，它是金属原子排列紊乱区，是材料中薄弱的裂纹容易穿过的区域[2]，加之硬且脆的三次渗碳体沿晶界分布，使得原来微小的裂纹得以沿晶界进行扩展。在使用过程中，随着管道压力的持续作用，裂纹进一步扩展，在裂纹尖端处应力也继续增大和集中，裂纹不断发展，在管道压力的作用下沿管道壁厚方向扩展，并与其他裂纹汇合，最终导致管道开裂。

3. 结论与改进措施

（1）结论

该供热管道的开裂是由于三次渗碳体沿晶界成网状、链状析出，在晶界处形成微裂纹；微裂纹沿晶界扩展，在使用过程中，随着管道压力的持续作用，裂纹进一步扩展，直至管道开裂。

（2）改进措施

控制材料的热处理工艺，避免三次渗碳体的析出。加强工序间质量监督和采取必要的检测手段，及时发现工件存在的缺陷。

参考文献

[1] 李炯辉. 金属材料金相图谱：上册［M］. 北京：机械工业出版社，2006: 304.

[2] 张正贵，周兆元，刘长勇. 高强度铝合金构件腐蚀疲劳失效分析［J］. 中国腐蚀与防护学报，2008, 28(1): 48-51.

案例 3 脆性铁相

某企业消防水带接口在使用过程中发生断裂

案例分析

【背景】

某企业消防水带接口在使用过程中发生断裂，消防水带接口的材质为ZL104，型号为KD型水带接口。对5件消防水带接口依据GB 12514.1—2005《消防接口 第1部分：消防接口通用技术条件》标准进行水压性能试验时，在未达到试验压力时，5件接口均在扣爪处发生断裂。

【知识点】

本案例涉及ZL104消防水带的热处理工艺、裂纹的产生和扩展、消防水带使用的实际环境、金相试样的制备和组织观察、夹杂物、脆性铁相、消防水带所承受的外在条件对裂纹扩展的影响等。

【重难点】

本案例涉及的重难点知识是消防水带使用过程中，在其接口处组织中出现脆性铁相组织的原因，如何调整热处理工艺参数，提高金相组织的质量。

【关键问题】

本案例需要解决的关键问题是消防水带接口处组织中存在脆性铁相，产生这种脆性铁相的工艺参数，脆性铁相在外力作用下如何产生裂纹。

【方法】

首先对已断裂的防水带接口处进行多次超声波清洗，吹干，详细地观察是否出现裂纹、裂纹的扩展方向、裂纹的形态，分别在断裂接口断口部位截取横向试样，以备后续的观察使用；利用扫描电子显微镜对断口处进行微观形貌分析；利用直读光谱仪进行化学成分分析；利用能谱仪（EDS）对断口处存在的片状物质进行检测；利用金相显微镜对经镶嵌、磨制、抛光、腐蚀后的试样进行组织观察，了解裂纹的微观形态和材料的组织结构；利用干燥器皿将试样存放起来，保持周围环境的干燥，以便后续继续使用。

【结果】

采用宏观检验、微观检验、化学成分分析、金相组织分析等手段对消防水带接口断裂原因进行分析。结果表明，消防水带接口断裂主要是由于脆性铁相在试验过程中，产生微裂纹，加之氧化物破坏基体连续性，产生较高应力集中，从而在水压性能试验过程中造成断裂。具体的实验结果如下。

1.检验

（1）宏观检查

图1为KD型水带接口的示意图。图2为接口断裂的宏观形貌。可见断裂发生在接口的扣爪处，断口周围无明显宏观塑性变形，断口上存在片状物质。

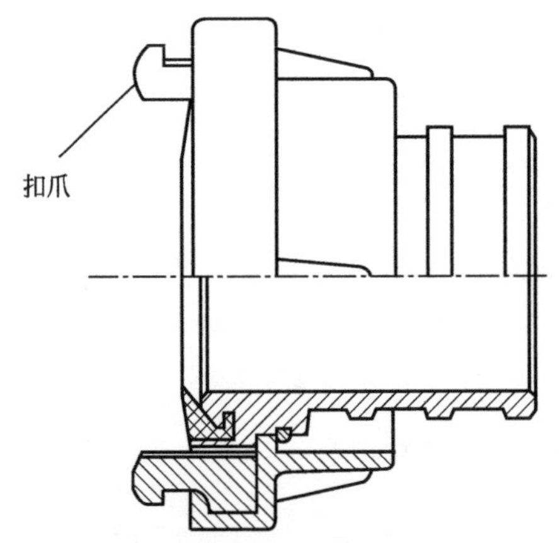

图1　KD型水带接口示意图

图2　接口断裂的宏观形貌

（2）断口微观形貌观察

利用扫描电子显微镜对接口断口的微观形貌进行观察，如图3所示。从图中可以看出，该接口为脆性断裂。

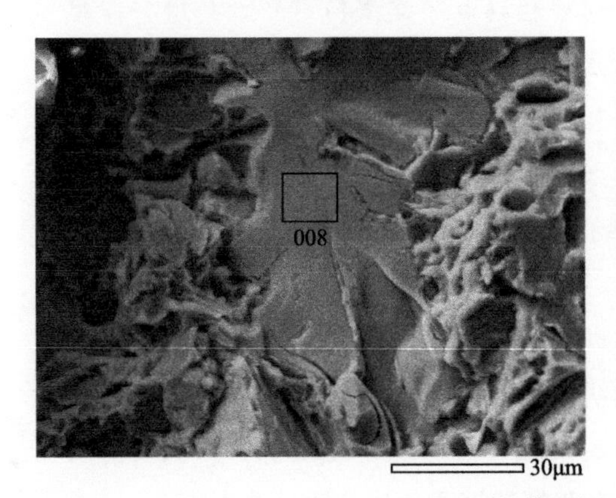

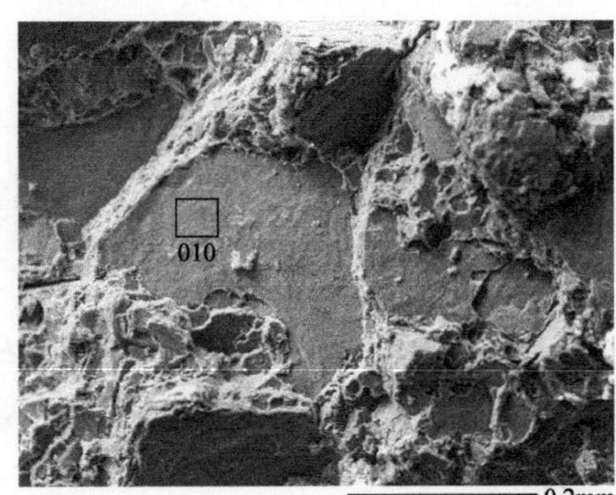

图3　接口断口的微观形貌

（3）金相组织检查

利用光学显微镜对接口进行金相组织检查。ZL104 的微观组织如图 4 所示。可见，接口显微组织为 α-Al 基体 + 共晶硅 + 粗大针片状铁相 + 特殊形状铁相，最长的针片状铁相长达 381.290μm。大部分铁相上存在微裂纹，见图 5。

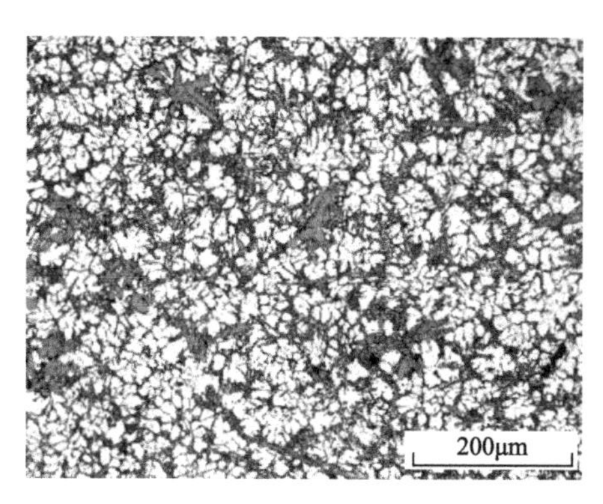

(a) 光学显微镜图

(b) 扫描电镜图

图 4 接口显微组织

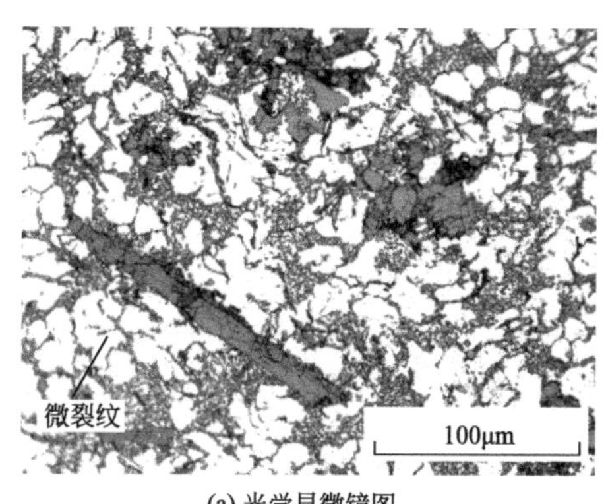

(a) 光学显微镜图

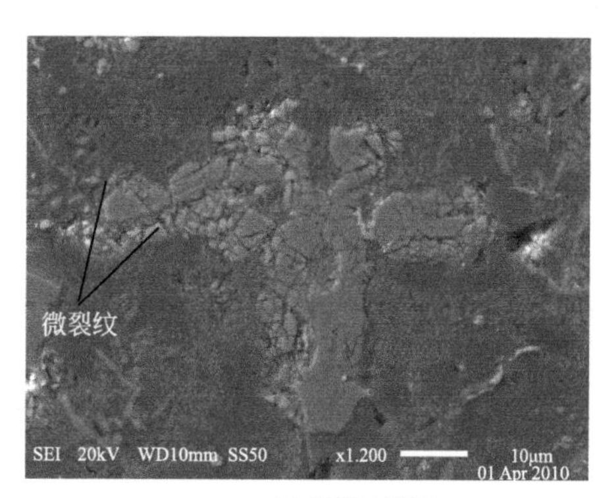

(b) 扫描电镜图

图 5 铁相上的微裂纹

（4）化学成分分析

利用直读光谱仪对接口进行化学成分分析。化学成分分析结果见表 1。由表 1 可知，Fe 含量高达 2.51%（质量分数），严重超出标准 GB/T 1173《铸造铝合金》中对 ZL104 的要求。

表 1 断裂接口的化学成分 单位：%（质量分数）

项目	Mn	Si	Fe	Cu	Ti+Zr	Mg	Zn
实测值	0.27	8.81	2.51	0.08	0.0231	0.17	0.0021
标准值	0.2 ～ 0.5	8.0 ～ 10.5	≤ 0.9	≤ 0.1	≤ 0.15	0.17 ～ 0.35	≤ 0.25

（5）能谱分析

利用能谱仪对图 3 中标注的位置进行能谱检测（EDS），结果见表 2。由表 2 可知，铁元素质量分数分别高达 24.99% 和 23.78%，说明该处为铁的富集区。

表 2　能谱检测结果　　单位: %（质量分数）

项目	图 3（a）	图 3（b）
Al	63.42	58.58
Si	9.45	16.43
Mn	3.36	—
Fe	23.78	24.99

对断口上片状物质进行能谱分析，结果见表 3。由表 3 可知，片状物质含有 Al、Si、Fe、O 四种元素，说明断口上的片状物质主要是氧化物。

表 3　断口上片状物质能谱检测结果　　单位: %（质量分数）

项目	位置 1	位置 2	位置 3
O	17.38	17.33	25.33
Al	65.29	65.39	59.33
Si	12.74	12.85	12.79
Fe	4.59	4.43	2.55

对特殊形状铁相进行能谱检测，结果见表 4。由表 4 可知，其主要包含 Al、Si、Cr、Mn 和 Fe 五种元素。

表 4　特殊形状铁相能谱检测结果　　单位: %（质量分数）

项目	位置 1	位置 2	位置 3
Al	59.79	59.60	60.45
Si	7.68	7.68	7.81
Cr	1.38	1.54	1.79
Mn	3.49	3.75	3.94
Fe	27.66	27.43	26.02

对粗大针片状铁相进行能谱检测，结果见表 5。可见，其主要包含 Al、Si 和 Fe 三种元素，依据各元素比例，可确定该相为 β（$Al_9Fe_2Si_2$）相。

表 5　针片状铁相能谱分析结果　　单位: %（质量分数）

项目	位置 1	位置 2
Al	58.14	57.51
Si	14.62	14.74
Fe	27.24	27.76

2. 结果讨论

由断口的 SEM 形貌可以判断，该断裂为脆性断裂。断口上平台的能谱检测结果说明该处是铁元素聚集的地方（表 2），是硬而脆的铁相受力发生破碎、开裂后形成的。

化学成分结果说明该接口材料不符合标准 GB/T 1173《铸造铝合金》中 ZL104 的要求，Fe 含量严重超出标准要求。Fe 是降低 Al-Si 系合金力学性能的主要元素[1]。铁在合金中形成 α 相或者 β 相等不溶杂质相，尤其是针状 β（$Al_9Fe_2Si_2$）相，随着铁含量的增加而长大，显著降低力学性能，其危害甚大。

结合金相检验和能谱检测结果，确定该接口显微组织中存在粗大针片状和特殊形状铁相，粗大针片状相主要为 β（$Al_9Fe_2Si_2$）相。粗大针片状铁相硬而脆，割裂基体组织，使铸件性能恶化，导致合金抗拉强度和伸长率大大下降[2]。另外，试验中观察到大部分铁相上存在微裂纹。这是因为铁相是脆性相，受力的作用容易开裂。

片状物质的能谱检测结果说明其主要为氧化物（表 3）。片状氧化物的存在破坏基体的连续性，减少接口的有效承载面积，产生局部应力集中。

综合以上分析，一方面由于接口化学成分中 Fe 含量严重超出标准要求，导致大量脆性铁相的生成，大量脆性铁相受力的作用产生开裂，铁相上的微裂纹成为裂纹源，在力的作用下发生扩展，到达一定程度时与相邻的脆性相裂纹交汇在一起，成为裂纹通道，进一步加速裂纹扩展。另一方面片状氧化物的存在，减少有效承载面积。在二者的综合作用下致使该接口短时间断裂。

3.结论

① 由于接口中 Fe 含量严重超标，致使大量脆性铁相生成，并在力的作用下成为微裂源，发生扩展，是造成接口在小于规定压力条件下断裂的主要原因。

② 片状氧化物的存在致使其周围产生局部应力集中，减少接口的有效承载面积，是造成接口断裂的原因之一。

参考文献

［1］李炯辉，林德成．金属材料金相图谱：上册［M］．北京：机械工业出版社，2006: 1635.
［2］印飞，杨江波，孙宝德．铝硅合金中的六角形铁相［J］．上海交通大学学报，2001, 35(3): 477-480.

案例4 上贝氏体

某建筑企业混凝土泵车的举升臂发生断裂

案例分析

【背景】

某建筑企业的混凝土臂架泵车举升臂在第二节举升臂处发生断裂。举升臂材质为进口低合金强度钢，牌号为weldox700，整体由钢板焊接而成。

【知识点】

本案例涉及混凝土臂架泵车举升臂材料weldox700的热处理工艺、举升臂的焊接工艺、裂纹的产生和扩展、混凝土臂架泵车使用的实际环境（压力环境）、金相试样制备和组织观察、相变理论、上贝氏体组织、热影响区温度场、夹杂物、混凝土臂架泵车所承受的外在条件对裂纹扩展的影响等。

【重难点】

本案例涉及的重难点知识是混凝土臂架泵车使用过程中，在其断口处组织中出现上贝氏体组织的原因，如何调整热处理和焊接工艺参数，提高金相组织的质量。

【关键问题】

本案例需要解决的关键问题是混凝土臂架泵车断口处组织中存在上贝氏体组织，产生这种上贝氏体组织的工艺参数，上贝氏体组织在外力作用下，如何产生裂纹，并发生断裂的。

【方法】

首先对混凝土臂架泵车举升臂断裂处进行多次超声波清洗，吹干，详细地观察是否出现裂纹、裂纹的扩展方向、裂纹的形态，从A样焊缝开裂处的横、纵方向，B样焊缝开裂处的横、纵方向，轴承座圈分别截取金相试样，以备后续的观察使用；利用能谱仪（EDS）对臂架板材、轴承座圈、焊缝及氧化物夹杂进行能谱分析；利用金相显微镜对经镶嵌、磨制、抛光、腐蚀后的试样进行组织观察，了解裂纹的微观形态和材料的组织结构；利用显微硬度计表征基体和热影响区的硬度；利用干燥器皿将试样存放起来，保持周围环境的干燥，以便后续继续使用。

【结果】

采用宏观检查、金相组织分析、显微硬度测试以及能谱检测等方法对混凝土泵车举升臂断裂原因进行了分析。结果表明：由于轴承座圈与臂架板材焊接时焊接工艺参数选择不当，导致产生未焊透，在热影响区出现脆性上贝氏体组织，大大降低了轴承座圈与臂架板材的连接强度，致使其使用过程中断裂。具体的实验结果如下。

1.检验

（1）宏观分析

混凝土臂架泵车举升臂断裂发生在在第二节举升臂尾部，靠近连接销轴处，其断裂实物形貌见图1。将连接销轴拆解，并从匹配断口处截取试样，图2为其实物形貌，分别将其标记为A样和B样。由图2可见，轴承座圈与臂架板材通过焊缝连接在一起，开裂发生在焊缝处。另外，在A样一侧发现补焊焊缝，且补焊缝处沿焊缝发生开裂，见图3。

图1　臂架的断裂形貌

(a) A样

(b) B样

图2　断裂臂架的宏观形貌

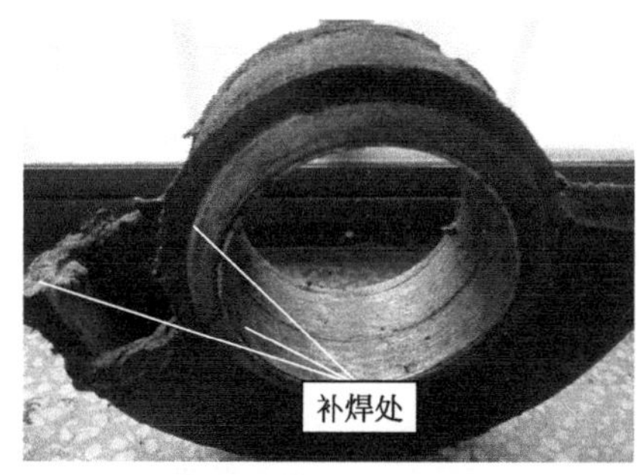

图3　沿补焊焊缝开裂

将样品油污清洗后继续观察。图4为A样焊接部位形貌，可见轴承座圈与臂架焊缝根部未焊透，二者之间靠较小的焊缝连接。用线切割垂直于焊缝切去一部分试样后继续观察，图5为其形貌，可见未焊透更加明显，且轴承座圈外缘与臂架间存在间隙，同时发现同一臂架同一侧的两平行板材的厚度不一样，一面为12mm，另一面为7mm。图6为B样轴的实物形貌，可见轴的表面有许多深浅不一的犁沟，说明轴承座圈与轴磨损严重。在B样的轴承座圈与臂架板材焊缝处发现一条宏观裂纹，见图7，可见裂纹沿焊缝扩展。

(a) A样

(b) B样

图4　未焊透（一）

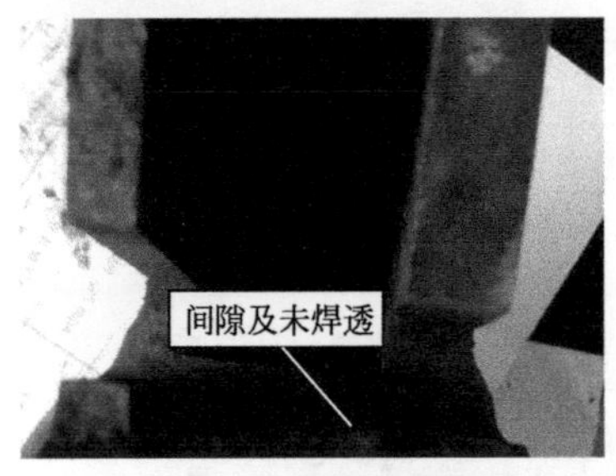

图5　间隙及未焊透

图6　磨损的轴

图7　焊缝处裂纹

（2）金相分析

从A样焊缝开裂处的横、纵方向，B样焊缝开裂处的横、纵方向和轴承座圈分别截取金相试样，依次标记为：A-1号试样、A-2号试样、B-1号试样、B-2号试样、B-3号试样。试样经镶嵌、磨制、抛光后，用光学显微镜进行观察。在臂架母材中发现较多的氧化物夹杂，如图8所示。经4%硝酸酒精溶液浸蚀后观察，发现臂架母材呈带状的 F+P 显微组织，轴承座圈显微组织为 F+P，如图 9 所示。在热影响区粗晶区发现了上贝氏体组织，如图 10 所示。图 11 为制备的金相试样的宏观形貌，(a) 中左上角为焊缝，其余为臂架母材，(b) 中右侧为焊缝，其余为臂架母材。由图中看出，与臂架连接的焊缝约占板厚的四分之一，其余为未焊透。

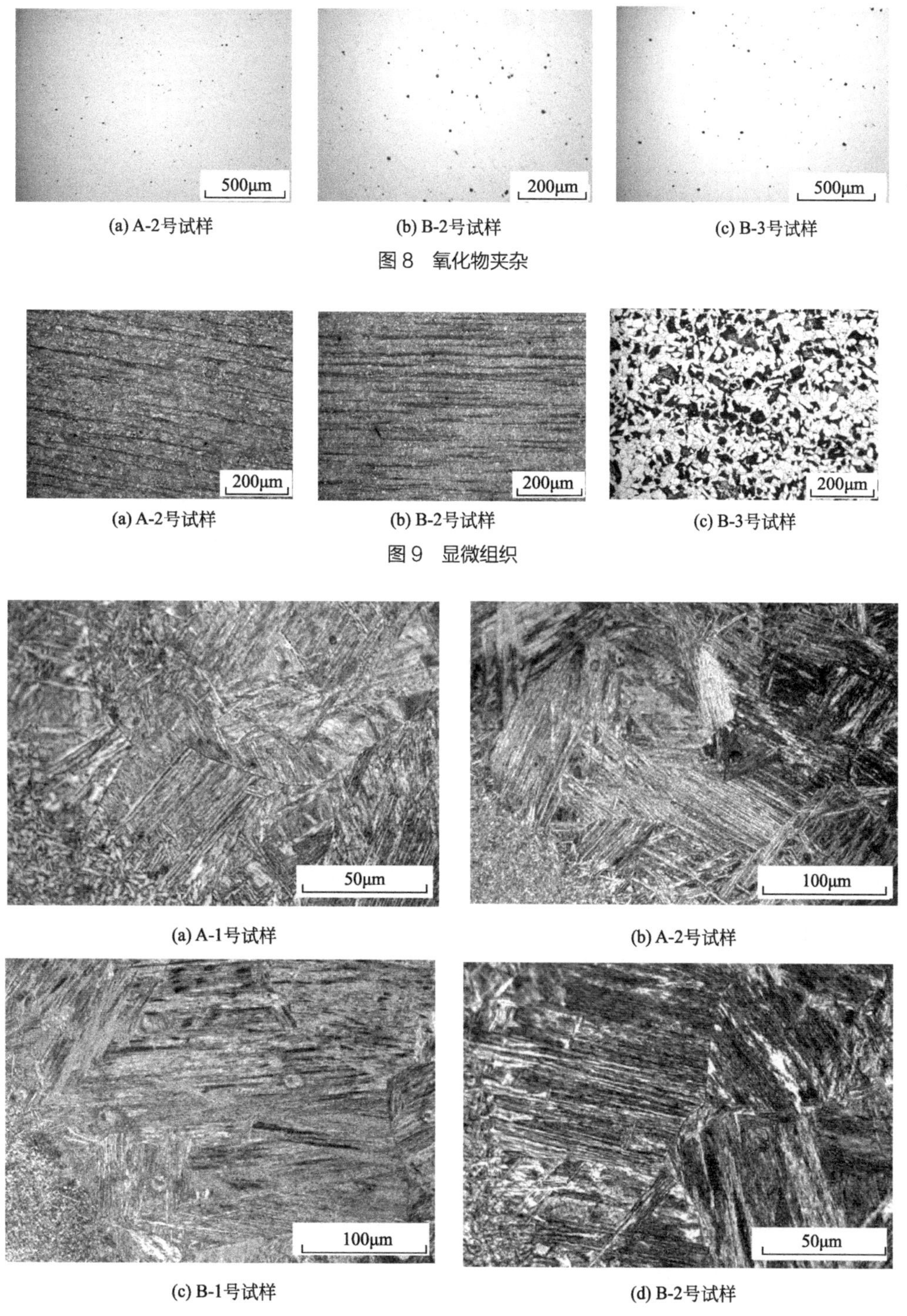

(a) A-2号试样　(b) B-2号试样　(c) B-3号试样

图 8　氧化物夹杂

(a) A-2号试样　(b) B-2号试样　(c) B-3号试样

图 9　显微组织

(a) A-1号试样　(b) A-2号试样

(c) B-1号试样　(d) B-2号试样

图 10　上贝氏体组织

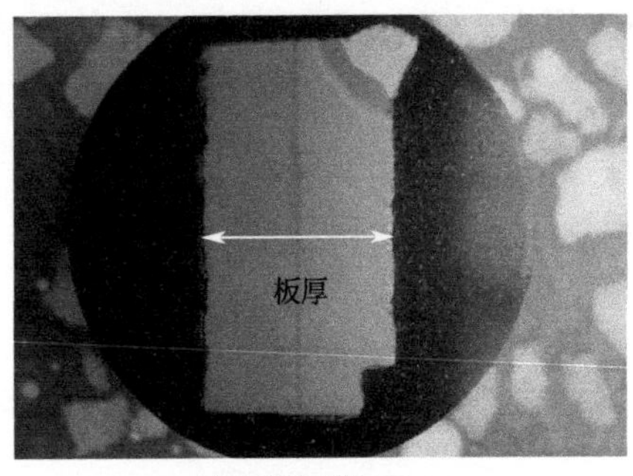

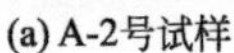
(a) A-2号试样

(b) B-2号试样

图 11　未焊透（二）

在开裂处附近截取显微硬度试样，测量结果见表 1。

表 1　显微硬度值

测量位置	基体（A-1 号试样）	热影响区（A-2 号试样）	热影响区（B-2 号试样）
测量值（HV0.1）	266，276，267	478，481，479	480，466，472

（3）能谱分析

对臂架板材、轴承座圈、焊缝及氧化物夹杂进行能谱分析，在不同位置进行测量，结果显示焊接接头两侧母材金属基本一致，焊缝具有良好抗裂性和力学性能。

2.结果与讨论

（1）未焊透的影响

轴承座与臂架焊接时，在臂架一侧未开坡口，导致轴承座与臂架之间在臂架厚度方向有约四分之三部分未焊透。未焊透减小了有效承载截面积，降低结构的承载能力。未焊透的存在相当于一条人为的“裂纹”，将轴承座与臂架分开，并在此处形成了较严重的应力集中。

（2）氧化物夹杂的影响

臂架板材及轴承座中存在着大量的氧化物夹杂。夹杂物与母材物理性能相差较大，相当于母材内部存在较多的微裂纹，割断了金属基体的连续性，同时给裂纹的扩展埋下了阴影。

（3）上贝氏体组织的影响

结合金相检验和显微硬度测试结果分析，轴承座与臂架板材的焊接热影响区粗晶区出现上贝氏体组织。这可能是由于焊接时热输入少，起始冷却速度较大，使高温奥氏体来不及发生分解，从而过冷到中温，此时冷却速度变缓，过冷奥氏体产生中温转变，得到羽毛状上贝氏体组织（李炯辉，《金属材料金相图谱》）。上贝氏组织强度和韧性都较差，脆性较大，在外力的作用下易开裂。

（4）开裂原因分析

混凝土臂架泵车在施工中，臂架上下、左右移动，导致轴承座圈与臂架受力比较复杂。其中，第二节臂架工作中承受扭转、剪切、冲击等静载和交变载荷。当载荷大于其焊缝和母材的连接强度时，轴承座圈与臂架未焊透形成的裂纹和应力集中点，成为裂纹源，开始沿着存在氧化物夹杂的臂架、热影响区上贝氏体组织形成裂纹，并在冲击、扭转、剪切的作用下裂纹开始扩展，造成臂架两侧销轴处受力不均匀，销轴与轴承之间产生磨损。产生裂纹后的臂架没有及时更换，而是进行简单补焊处理，产生焊接残余应力，加速裂纹的扩展。随工作时间延长，臂架的有效承载面积逐渐减小，承载能力也逐渐降低，裂纹沿未焊透的焊缝继续扩展，最终导致断裂。B 样为后断裂。

3.结论

轴承座圈与臂架板材焊接时沿臂架厚度方向存在未焊透，减小了该处的有效截面积，降低了结构承载能力，同时焊缝根部成为人为的“裂纹源”和应力集中点。母材中有大量脆性的氧化物夹杂，相当于内部有许多微裂纹；焊接热输入不当热影响区粗晶区形成了上贝氏组织；混凝土臂架泵车长期工作中，当扭转、剪切、弯曲等交变的载荷力超过了其承载能力时，裂纹就会逐渐扩展至第二节臂架断裂失去继续工作的能力。

由于轴承座圈与臂架板材焊接时焊接工艺参数选择不当，导致沿臂架厚度方向产生未焊透以及在热影响区出现脆性上贝氏体组织，形成裂纹源。混凝土臂架泵车长期工作中，当扭转、剪切、弯曲等交变的载荷力超过了其承载能力时，大大降低了轴承座圈与臂架板材的连接强度，致使其使用过程中断裂。

参考文献

[1] 王斌华，吕彭民．混凝土泵车臂架系统振动机理的研究［J］．振动与冲击，2011, 30(9): 259-263.

[2] Cazzulani G, Ghielmetti C, Giberti H, et al. A test rig and numerical model for investigating truck mounted concrete pumps［J］. Automation in Construction, 2011, 20: 1133-1142.

[3] Wang T, Wang G, Liu K. Simulation control of concrete pump truck boom based on PSO and adaptive robust PD, art. no. 5192810［C］//Chinese Control and Decision Conference (CCDC). 2009: 960-963.

[4] Worthington T. Trailer pumps［C］//Construction World Concrete, 2007, 52(3): 62-67.

[5] 李勋文．混凝土泵车臂架开裂的修复方法［J］. 桥梁机械与施工技术，2007, 3: 44-45.

[6] 张一北．混凝土泵车的常见故障与维修［J］．混凝土，2007,(5):102-105.

[7] 林宏．混凝土泵车臂架销座的修理方法［J］．工程机械，2007, 38(12): 66-67.

[8] 赵秀春．混凝土泵车常见故障探析［J］．装备制造技术，2009,(9): 92-93.

[9] 李炯辉，林德成．金属材料金相图谱：上册［M］．北京：机械工业出版社，2006:1128.

案例 5　螺纹加工

某汽车转向拉杆发生断裂

案例分析

【背景】

某轿车在行驶过程中，与其他车辆发生碰撞，其左前转向横拉杆断裂，车辆无法使用。该断裂转向拉杆材料为 30Mn2。

【知识点】

本案例涉及汽车转向拉杆材料 30Mn2 的热处理工艺，螺纹的加工工艺，裂纹的产生和扩展、汽车转向拉杆尤其是螺纹处使用的实际环境（受力分析）、金相试样制备和组织观察、相变理论、疲劳断裂机理、氧化皮、汽车转向拉杆所承受的外在条件对裂纹扩展的影响等。

【重难点】

本案例涉及的重难点知识是汽车转向拉杆使用过程中，在其螺纹部位出现微裂纹的原因；如何调整热处理和加工工艺参数，提高金相组织的质量。

【关键问题】

本例需要解决的关键问题是汽车转向拉杆螺纹牙底应力集中处存在微裂纹，这种微裂纹在外力作用下，如何扩展，并发生断裂的。

【方法】

首先对汽车转向拉杆断裂处进行多次超声波清洗，吹干，详细地观察是否出现裂纹、裂纹的扩展方向、裂纹的形态，在转向拉杆断口部位的横向、相互垂直的两个纵向上分别截取试样，以备后续的观察使用；利用直读光谱仪对汽车转向拉杆进行化学成分检测；利用金相显微镜对经镶嵌、磨制、抛光、腐蚀后的试样进行组织观察，了解裂纹的微观形态和材料的组织结构；利用显微硬度计在断裂转向拉杆螺纹处的纵向试样上，由表及里进行显微硬度的测定；利用干燥器皿将试样存放起来，保持周围环境的干燥，以便后续继续使用。

【结果】

采用宏观检验、化学成分分析、金相组织分析、显微硬度检测等方法分析了转向拉杆断裂原因。结果表明，其断裂形式为疲劳断裂。疲劳裂纹的形成是由于螺纹加工成型过程中，由于工艺控制不当在螺纹牙底应力集中处产生微裂纹，从而导致转向拉杆断裂失效。具体的实验结果如下。

1.检验

（1）宏观分析

图 1 为断裂转向拉杆的宏观形貌。断裂发生在转向拉杆的螺纹处，横向断裂，转向拉杆有部分弯曲变形现象，弯曲发生在螺纹处。图 2 为断口宏观形貌，从图中可以看出，断口有明显光滑台阶，心部有撕裂台阶，且断口锈蚀严重。

图 1　断裂转向拉杆宏观形貌

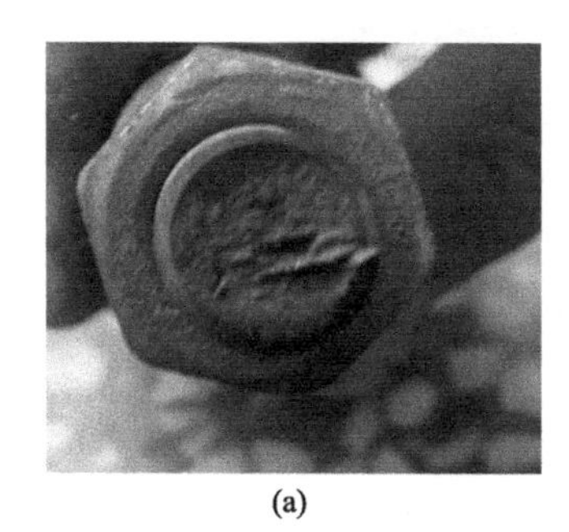

(a)

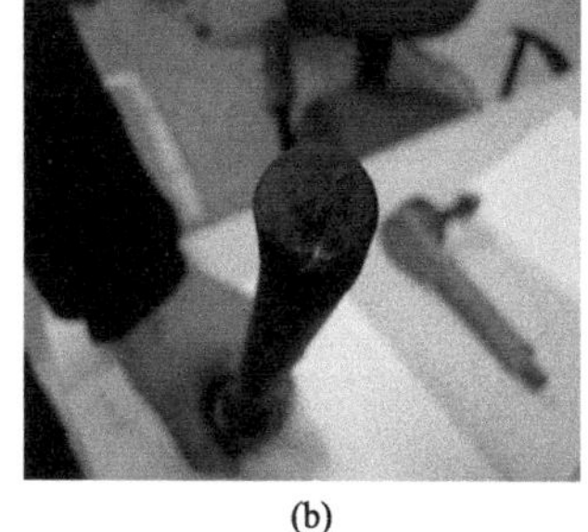

(b)

图 2　断口宏观形貌

（2）化学成分分析

在断裂转向拉杆上取样，并按国家标准进行化学成分分析，结果见表 1。分析结果说明该断裂转向拉杆化学成分符合标准 GB/T 3077《合金结构钢》中对 30Mn2 的要求。

表 1　断裂转向拉杆的化学成分　　　　单位：%（质量分数）

项目	C	Si	Mn	S	P
实测值	0.28	0.21	1.61	0.016	0.013
标准值	0.27	0.17	1.40	≤ 0.0	≤ 0.03

（3）金相检验

在断裂转向拉杆断口部位的横向、相互垂直的两个纵向上分别截取试样，经镶嵌、磨制、抛光后，在显微镜下观察。在相互垂直的两个纵向试样上发现每个螺纹牙底均有微裂纹，见图 3。将试样用 4% 硝酸酒精溶液浸蚀后，分别在光学显微镜和扫描电镜下观察。发现纵向试样螺纹牙底裂纹周围有致密氧化物，为浅灰色，判断其为氧化皮 [1]，见图 4。从横向试样上观察到断裂转向拉杆螺纹处的显微组织表面为回火屈氏体，心部为回火索氏体，见图 5。

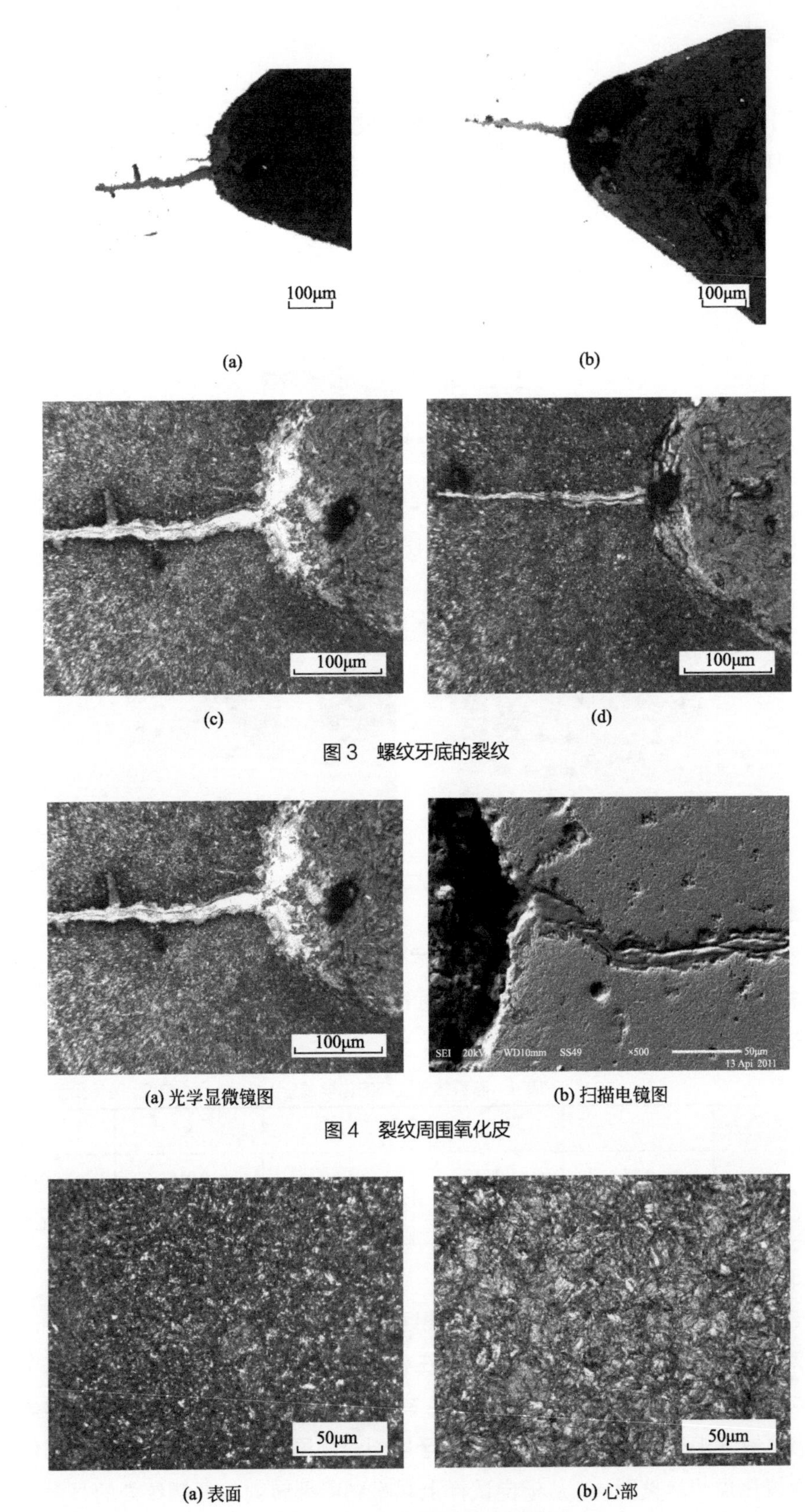

(a)　　(b)

(c)　　(d)

图3　螺纹牙底的裂纹

(a) 光学显微镜图　　(b) 扫描电镜图

图4　裂纹周围氧化皮

(a) 表面　　(b) 心部

图5　转向拉杆螺纹处的显微组织

在断裂转向拉杆非螺纹处的横、纵两个方向上分别截取试样。经镶嵌、磨制、抛光后，在显微镜下观察。在横、纵试样上均未发现微裂纹。将试样用4%硝酸酒精溶液浸蚀后，发现转向拉杆非螺纹处的显微组织表面为回火屈氏体，心部为回火索氏体，见图6。

(a) 表面

(b) 心部

图6　转向拉杆非螺纹处的显微组织

（4）硬度测试

在断裂转向拉杆螺纹处的纵向试样上，由表及里进行显微硬度的测定，测试位置见图7，结果见表2。

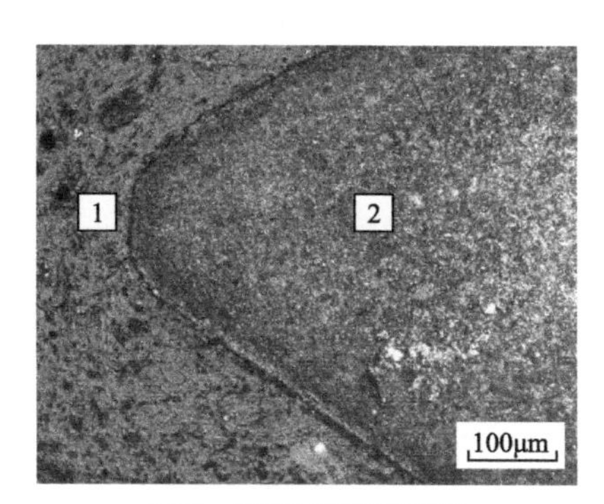

图7　显微硬度测试位置

表2　显微硬度值 HV0.1

测试位置	测量值
1	378，379，378
2	355，354，353
心部	328，318，321

2. 分析与讨论

由化学成分检测结果可知，断裂转向拉杆化学成分符合要求。

显微硬度结果显示，该转向拉杆表面比心部显微硬度值偏高。金相检验结果确定该断裂转向拉杆螺纹表面显微组织为回火屈氏体，转向拉杆心部显微组织为回火索氏体。由这些特征可以判断，转向拉杆的制造工艺为先机加工后经过调质处理。

由断口宏观形貌分析，该断裂为疲劳断裂。转向拉杆失效前部分弯曲变形，结构失稳，对转向拉杆最终失效有一定影响。

由金相分析可知，在相互垂直的两个纵向试样每个螺纹牙底均存在裂纹，且裂纹周围有浅灰色氧化皮。因为氧化皮是高温下铁与氧气反应产物，所以该裂纹不是在使用过程中产生。

又因裂纹两侧有氧化现象，则可以肯定裂纹在淬火之前就已经存在。因为淬火冷却过程中，只有当马氏体转变量达到一定数量时，裂纹才有可能形成。与此相对应的温度，大约在250℃以下。在这样的低温下，即使产生了裂纹，裂纹两侧也不会出现明显氧化。由此可知，在螺纹加工过程中，由于加工工艺控制不当，在螺纹牙底应力集中处产生微小裂纹[2]。

转向拉杆在转向使用过程中受复杂交变应力作用。螺纹牙底存在的微小裂纹是转向拉杆发生疲劳断裂的疲劳源，该缺陷处应力高度集中，且微裂纹两侧有氧化皮，严重割裂基体。在交变载荷的作用下，这些微裂纹进一步扩展，在原始裂纹附近形成光滑台阶，当扩展到一定程度时，转向拉杆不能承受突加（或突变）载荷，发生断裂[3]。

3.结论与改进措施

（1）结论

在螺纹加工成型过程中，由于加工不当在螺纹牙底产生微裂纹，这是引起转向拉杆疲劳断裂的主要原因。

（2）改进措施

改善螺纹的机加工质量，提高加工精度，控制制造工艺，可避免因螺纹牙底的应力集中而导致转向拉杆失效。

参考文献

［1］李炯辉，林德成. 金属材料金相图谱：上册［M］. 北京：机械工业出版社，2006: 327.
［2］谭国良，杨浩义，杨冬梅. 轮胎螺栓断裂失效分析［J］. 理化检验 - 物理分册，2006, 42(11): 577-579.
［3］严春莲，温娟，刘晓岚等. 吐丝机螺栓断裂的失效分析［J］. 理化检验 - 物理分册，2008, 44(6): 316-324.

案例 6　铸造冷速过快

燃气输送管道断裂的失效分析

案例分析

【背景】

铸铁管是国民经济发展和城乡建设不可缺少的管材，其生产应用历史有三百余年，在燃气行业的应用也有100余年的历史。柔性机械接口灰口铸铁管，以其结构简单、操作方便、气密性好而得到广泛应用。但灰口铸铁本身属于脆性材料，抗拉强度低，在施工及应用管理中暴露出不少问题，如材质差、工艺水平低等。我国铸管生产工艺落后，产品性能差，不能满足工程质量要求，用球墨铸铁管替代灰铸铁管势在必行。本文对燃气输送管道进气管因铸造工艺不当造成的断裂进行分析。该断裂材料为灰铸铁。

【知识点】

本案例涉及燃气输送管道材料灰铸铁的浇注参数、冷却速度等铸造工艺，裂纹的产生和扩展，燃气输送管道使用的实际环境（受力分析），金相试样制备和组织观察，相变理论，渗碳体，裂纹的扩展、脆性相，燃气输送管道所承受的外在条件对裂纹扩展的影响等。

【重难点】

本案例涉及的重难点知识是燃气输送管道使用过程中，在其断口组织中出现渗碳体的原因，如何调整热处理和铸造工艺参数，提高金相组织的质量。

【关键问题】

本案例需要解决的关键问题是燃气输送管道断口组织中存在渗碳体，产生这种渗碳体的工艺参数，在外力作用下这种渗碳体如何导致断裂的发生。

【方法】

首先对燃气输送管道断裂处进行多次超声波清洗，吹干，详细地观察是否出现裂纹、裂纹的扩展方向、裂纹的形态，在燃气输送管道断口部位的横向和纵向上分别截取试样，以备后续的观察使用；依据国家标准对燃气输送管道进行化学成分检测；利用金相显微镜对经镶嵌、磨制、抛光、腐蚀后的试样进行组织观察，了解材料的组织结构；利用显微硬度计对燃气输送管道不同位置处的显微硬度进行测定；利用干燥器皿将试样存放起来，保持周围环境的干燥，以便后续继续使用。

【结果】

采用断口宏观观察、金相组织分析、化学成分分析和显微硬度检测等方法对燃气输送管道发生断裂的原因进行了分析。结果表明，由于铸造时局部冷却速度过快，在管道外表面生成大量粗大渗碳体，致使管道局部硬度提高，脆性增强，最终导致燃气输送管道在使用过程中受力的作用发生断裂。改进措施：严格控制浇注参数、工艺和化学成分，消除内应力。具体的实验结果如下。

1. 试验过程与结果

（1）宏观观察

图 1 为断裂管道形貌。断裂管道内径约 150mm，外径约 169mm。图 2 为管道断口宏观形貌。断口较平齐，断面垂直于轴向。

图 1　断裂管道形貌

图 2　断口宏观形貌

（2）化学成分分析

在断裂管道上取样，并按国家标准进行化学成分分析，结果见表 1。分析结果说明该断裂管道中硫、磷含量符合标准 GB/T 6483《柔性机械接口灰口铸铁管》中对铸铁管的要求。

表 1　断裂管道的化学成分分析结果　　单位：%（质量分数）

项目	P	S
样品	0.086	0.064
GB/T 6483	≤ 0.3	≤ 0.10

（3）金相检验

在断裂管道断口上截取横向试样，经镶嵌、磨制、抛光及用 4% 硝酸酒精溶液浸蚀后，在光学显微镜下观察。发现其显微组织不均匀，管道外表面为渗碳体 + 石墨 + 铁素体 + 少量珠光体，渗碳体较粗大，呈长条状，这种组织深度约为 1.5mm，见图 3（a）；从外表面向里 1/4 处为珠光体 + 石墨 + 铁素体，铁素体呈枝晶状，见图 3（b）；心部为珠光体 + 石墨 + 铁素体 + 少量磷共晶，见图 3（c）。

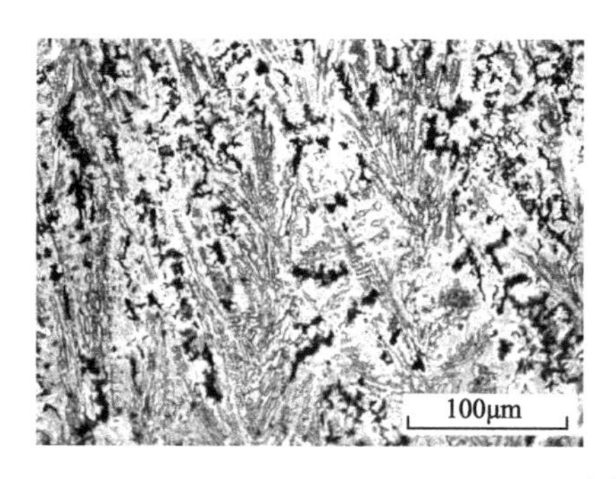

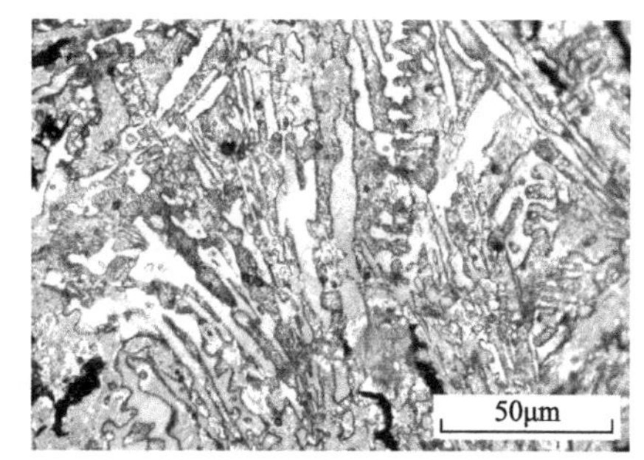

(a) 外表面处

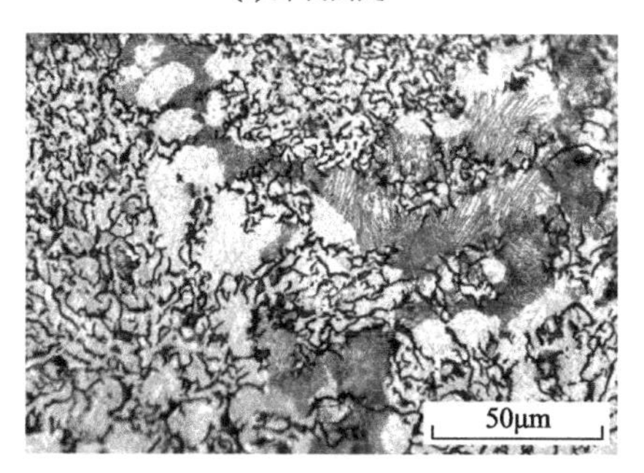

(b) 外表面向里1/4处

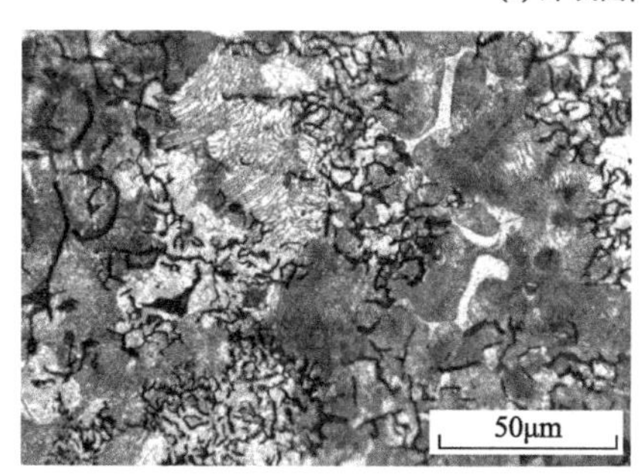

(c) 心部

图3　断裂管道显微组织

（4）硬度检测

在断裂管道的不同位置进行显微硬度的测定，其结果见表2。可见，断裂管道硬度值从外表面到心部先降低后增加，外表面比心部高出255 HV0.1以上。

表2　断裂管道不同位置的显微硬度值

测量位置	测量值
外表面	540，565，552
1/4	230，210，214
心部	285，270，283

2. 分析与讨论

由化学成分检测结果可知，断裂管道中硫、磷含量符合要求。

由金相检验结果可知，该断裂管道显微组织不均匀，管道外表面为渗碳体＋石墨＋铁素体＋少量珠光体，外表面向里1/4处为珠光体＋石墨＋铁素体，而心部为

珠光体 + 石墨 + 铁素体 + 磷共晶。由于管道显微组织不均匀，心部与管道外表面之间存在较大的组织应力。产生这种组织的外部条件是浇注后铁液冷却速度过快，出现共晶结晶期石墨析出受阻，长成石墨十分细小，甚至出现亚稳定共晶转变而形成渗碳体。铁素体颗粒的出现是由于石墨的密集，使该处共晶奥氏体引起微区贫碳所致[1]。

断裂管道外表面显微组织中存在的大量粗大长条状渗碳体，使管道局部硬度提高，脆性增加，在使用过程中受外力作用首先从该处产生裂纹。裂纹在内应力和外力的共同作用下进一步扩展，最终导致管道断裂。

3.结论

由于该燃气输送管道铸造工艺控制不当，致使管道局部冷却速度过快，在管道外表面生成大量粗大渗碳体，渗碳体硬度高、脆性大，受力的作用首先从该处产生裂纹，裂纹在内应力和外力的共同作用下进一步扩展，最终导致管道断裂。

参考文献

[1] 李炯辉，林德成. 金属材料金相图谱：上册 [M]. 北京：机械工业出版社，2006: 118.

案例 7 导热不均匀

某能源煤化公司锅炉管出现爆管

案例分析

【背景】

某能源煤化公司锅炉管在使用过程中出现爆管。在较高温度下，连续作业数月，爆裂处外表面覆盖有较厚较脆且容易剥落的氧化皮，表面有灼烧痕迹，锅炉管材料为20钢。

【知识点】

本案例涉及锅炉管材料的热处理工艺、氧化皮、裂纹的产生和扩展及影响因素、锅炉管使用的实际环境（温度的传输情况）、金相试样制备和组织观察、锅炉管所承受的外在条件对裂纹扩展的影响等。

【重难点】

本案例涉及的重难点知识是锅炉管使用过程中，导热管设计是否科学合理，如何调整措施和改善使用环境，提高锅炉管的输热系统。

【关键问题】

本案例需要解决的关键问题是锅炉管导热管设计的科学性，采取科学合理的措施保证热量的匀速输出，如何控制在外界作用下温度的均匀扩散。

【方法】

首先对锅炉管发生爆裂处进行多次超声波清洗，吹干，详细地观察是否出现裂纹、裂纹的扩展方向、裂纹的形态，在锅炉管发生爆裂部位和远离爆裂处的横向和纵向上分别截取试样，以备后续的观察使用；利用直读光谱仪依据标准GB/T 4336《碳素钢和中低合金钢火花源原子发射光谱分析方法（常规法）》对爆管进行化学成分分析；利用金相显微镜对经镶嵌、磨制、抛光、腐蚀后的试样进行组织观察，了解裂纹的微观形态和材料的组织结构；利用扫描电子显微镜及能谱仪对内表面进行能谱分析；利用干燥器皿将试样存放起来，保持周围环境的干燥，以便后续继续使用。

【结果】

采用宏观检验、化学成分分析、金相组织分析、扫描电子显微镜及能谱检测等方法分析了锅炉管发生爆裂的原因。结果表明，该锅炉管段高温暴露处缺乏必要的隔热措施，加之设计弯管导致流体不畅，造成管道超温运行；在锅炉运行过程中存在淤积的现象，影响管的传热，造成爆管。具体的实验结果如下。

1.检验

（1）宏观检验

锅炉爆管实物形貌如图 1 所示。爆管破裂面粗糙不平整，边缘减薄变钝，见图 2。爆裂处外表面覆盖有较厚较脆且容易剥落的氧化皮，表面有灼烧痕迹，表明该处曾经受到高温氧化，温度是影响氧化速度的一个重要因素，当管壁温度超过 550℃的碳钢抗氧化临界温度以上，即产生氧化层[1]，据此推断该水冷壁管已超温运行。从爆口的形貌看，属于长期过热脆性爆口。因爆裂口位于煤气燃烧高温辐射区，爆裂处管子出现了胀粗和鼓包现象。在其剥落处能清楚地看到爆管裂口附近分布着与爆裂口扩展方向相对应的长短不等的蠕变状条纹，爆裂管向火面胀粗程度明显大于背火面，如图 3 所示，a 为向火面，b 为背火面，整个断口呈现蠕变脆性断裂的宏观特征。

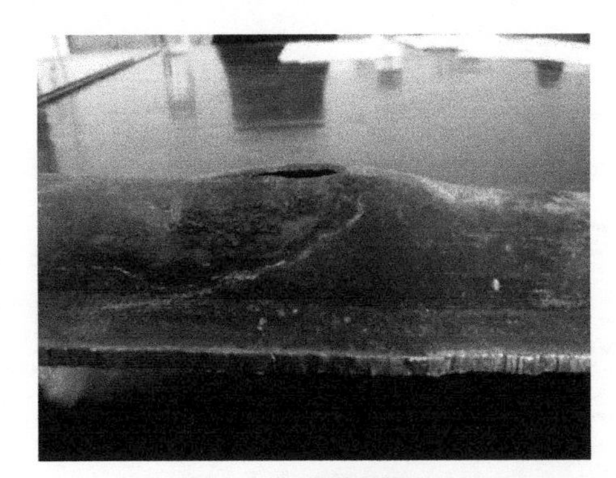

图 1　爆口管材外观

图 2　爆口管材减薄现象

图 3　爆裂管的向火面与背火面对比

（2）化学成分分析

在爆裂管上取样作化学分析，结果如下。

项目	C	Si	S	Mn	P
化学成分 /%（质量分数）	0.22	0.25	0.0123	0.63	0.0329

化学成分显示该爆裂管材符合 GB/T 699《优质碳素结构钢》标准中对 20 钢的要求。

（3）金相分析

对爆口管材金相组织进行检测，在远离爆裂处及爆裂处分别从横纵两个方向进行取样，并依次标记为1号试样、2号试样、3号试样和4号试样。1号试样、2号试样显微组织为铁素体＋珠光体，呈带状特征，如图4、图5所示，属于20钢的正常组织。3号试样、4号试样的显微组织为铁素体＋颗粒状碳化物，如图6、图7所示。铁素体呈等轴状，原有片状珠光体区域形态已完全消失，颗粒状碳化物分布在铁素体晶界上或晶面上，属于球化中最严重的完全球化。

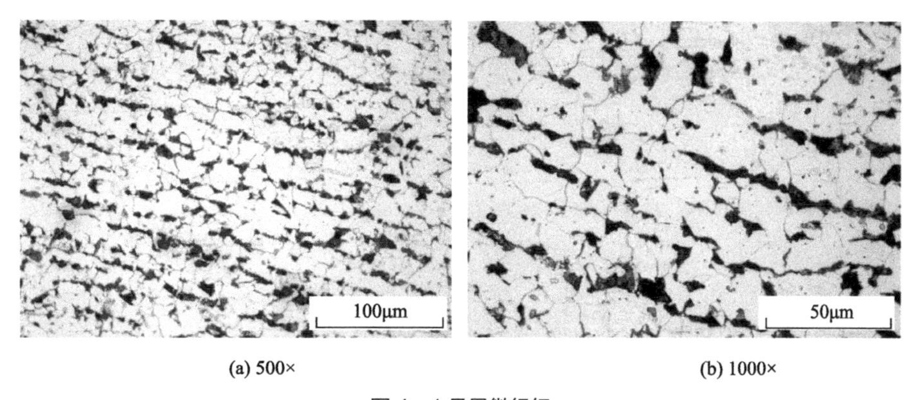

(a) 500×　　(b) 1000×

图4　1号显微组织

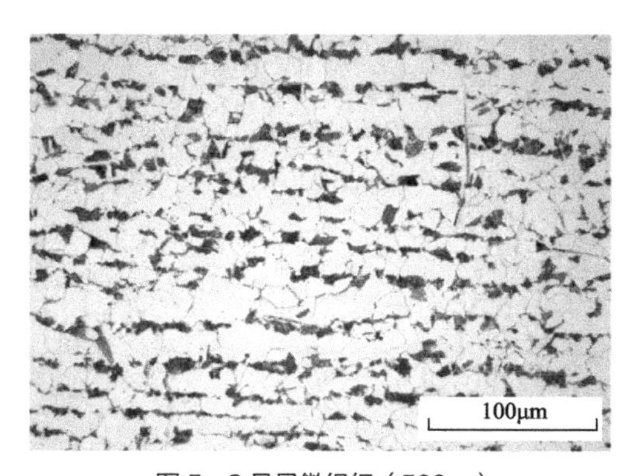

图5　2号显微组织（500×）

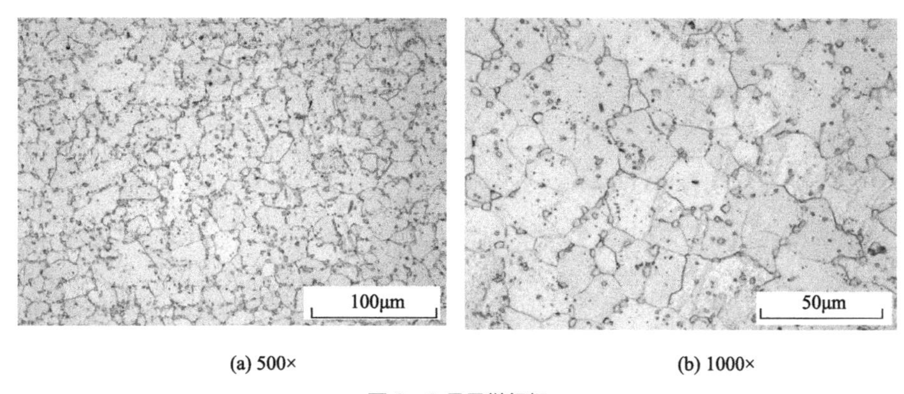

(a) 500×　　(b) 1000×

图6　3号显微组织

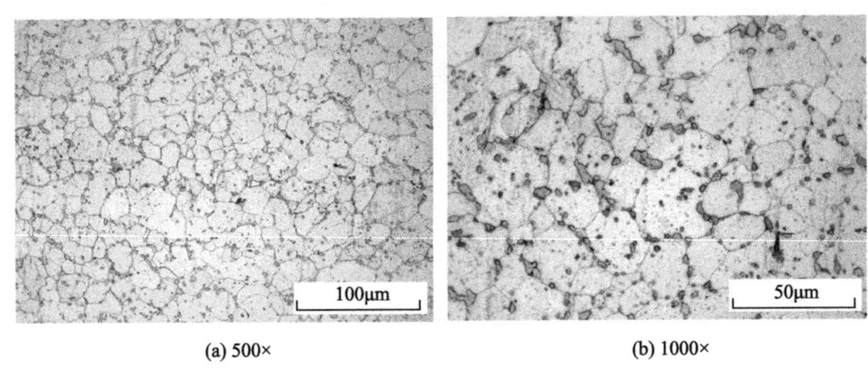

(a) 500×　　(b) 1000×

图7　4号显微组织

（4）扫描电镜及能谱分析

用扫描电镜对管壁内表面进行形貌观察，内表面微观形貌为氧化物形貌特征，见图8。对表面进行能谱分析，发现其主要成分为铁的氧化物。

图8　爆裂管壁内表面微观形貌

2.分析与讨论

通过以上分析发现，金相组织中珠光体球化表明管子在运行中超温，使金属长期过热局部过热[2]。珠光体球化将导致钢管力学性能下降，爆管外壁表面有蠕变条纹，显示管材在长期超温下运行的结果导致了金属管材料产生蠕变损伤。当壁温超过了管子材料所允许使用的温度时，金属就会因过热而发生蠕变。一般低碳钢在350℃以上就达到屈服点，450℃以上则开始蠕变[3]。管壁外较厚的氧化皮的存在说明了管材的运行温度至少在550℃以上。从另外一个方面分析，管在长期超温的情况下长期运行，其显微组织珠光体中的渗碳体因高温作用而发生球化现象[4]，珠光体的球化导致钢的蠕变极限和持久强度极限降低，持续超温进一步加速蠕变过程，最终在较短的时间内使钢管由于蠕变而爆破。

该管段爆口可能性原因分析如下：

① 该锅炉管段高温暴露处缺乏必要的隔热措施，加之弯管设计导致流体不畅，造成管道超温运行。

② 在锅炉运行过程中存在淤积的现象，影响管子的传热。

以上两者的后果是减少了锅炉管内有效水流截面积，大大增加了水循环流动阻力，水流量下降，从而破坏了正常水循环，甚至可能造成水循环停滞的严重情况[5]。管体在煤气燃烧高温辐射区得不到及时的降温，局部壁温逐渐升高，管子就处在超温运行状态。该管因长期过热而发生了球化和蠕变，其综合作用的结果使钢管金属材料的力学性能下降[6]，最终因管内蒸压产生的切应力超过了材料的屈服极限，受热面开始变形，管子慢慢地胀粗而管壁减薄，最终引起管子鼓包、穿孔直至破裂，造成爆管。

参考文献

[1] 黎家新，刘娜．浅析DZL 20-13型锅炉水冷壁爆管［J］．黑龙江科技信息，2008, (31): 6.

[2] 李炯辉，林德成．金属材料金相图谱：上册［M］．北京：机械工业出版社，2006: 43.

[3] 马庆谦，游菊．锅炉水冷壁管爆管原因分析［J］．理化检验：物理分册，2004, 40(9): 465-468.

[4] 机械工业理化检验人员技术培训和资格鉴定委员会．金相检验［M］．上海：科学普及出版社，2003: 37.

[5] 林介东，钟万里，盘荣旋．燃煤锅炉水冷壁管爆管原因分析［J］．理化检验：物理分册，2005, 41(4): 203-204.

[6] 史美堂．金属材料及热处理［M］．上海：上海科学技术出版社，1984.

案例8 组织缺陷

某公司二沉池齿轮出现断裂现象

案例分析

【背景】

某公司二沉池齿轮在使用过程中出现断裂现象。

【知识点】

本案例涉及二沉池齿轮材料中碳钢的热处理工艺和锻造工艺、液体的凝固理论、相变反应、魏氏组织、网状铁素体、淬火工艺、应力的集中、钢的塑性和韧性、裂纹的性质、裂纹的产生和扩展、二沉池齿轮使用的实际环境（受力和介质环境情况）、金相试样制备和组织观察、减小裂纹扩展的措施、裂纹的扩展原理及影响因素、二沉池齿轮所承受的外在条件对裂纹扩展的影响等。

【重难点】

本案例涉及的重难点知识是二沉池齿轮使用过程中，组织中出现夹渣、非金属夹杂物、魏氏组织等组织缺陷的原因；如何调整工艺和改善使用环境，提高二沉池齿轮的实用性。

【关键问题】

本案例需要解决的关键问题是二沉池齿轮组织中出现夹渣、非金属夹杂物、魏氏组织等组织缺陷的热处理工艺，如何采取科学合理的措施保证组织结构的常态化。

【方法】

首先对二沉池齿轮发生开裂处进行多次清洗，吹干，详细地观察是否出现裂纹、裂纹的扩展方向、裂纹的形态，在其发生开裂部位的横向和纵向上分别截取试样，以备后续的观察使用；利用直读光谱仪对取样的化学成分进行分析；利用金相显微镜对经镶嵌、磨制、抛光、腐蚀后的试样进行组织观察，了解裂纹的微观形态和材料的组织结构；利用干燥器皿将试样存放起来，保持周围环境的干燥，以便后续继续使用。

【结果】

本案例采用宏观检验、金相组织分析、化学成分分析等方法分析了二沉池齿轮发生开裂的原因。结果表明，由于齿轮锻造工艺及热处理工艺不当等原因，导致齿轮工作过程中，在夹渣、非金属夹杂物及组织缺陷处，产生微裂纹，并在力的作用下，裂纹沿齿轮内壁键槽边缘以及齿轮边缘过渡直角等应力集中处扩展，直至发生断裂。具体的实验结果如下。

1.检验

（1）宏观分析

图1为断裂二沉池齿轮的宏观形貌。由图可知，断裂发生在齿轮的齿底，两个齿断裂脱落，且两个齿内侧开有键槽，裂纹沿键槽边缘及齿面与圆柱面过渡直角扩展。断口粗糙，裂纹扩展速度快。Ⅰ区为裂纹源区，相对较平齐。Ⅱ区为扩展区，断口粗糙，可见金属亮点。Ⅲ区为终断区，沿受力方向发生变形，裂纹扩展到一定程度，载荷集中到该处，造成局部受力过大，结构失稳，产生形变，最终断裂。图2为Ⅰ区SEM图，该区域为解理断口，河流花样由细小撕裂岭构成，相同位向、不同层次的解理开裂形成密集台阶状形貌。图中条纹形貌类似于疲劳辉纹，通常在极脆的材料中观察到，是脆性断裂的特征。图3为Ⅱ区SEM图，断口微观形貌为具有河流花样的解理断口。解理是金属或合金沿某些严格的结晶学平面发生开裂的现象。解理断裂通常发生在体心立方和密排六方的金属或合金中。在应力腐蚀等特殊条件下，在面心立方金属中也会发生[1]。

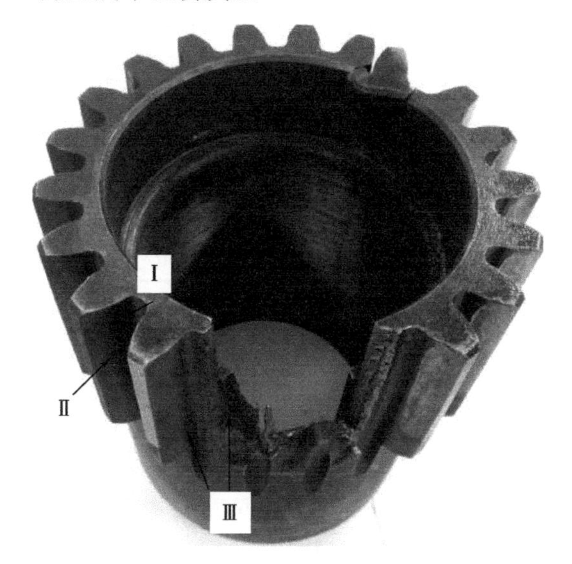

图1　断裂齿轮实物形貌

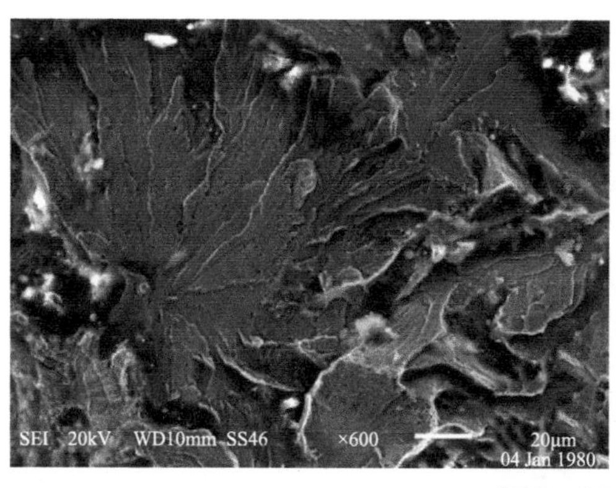

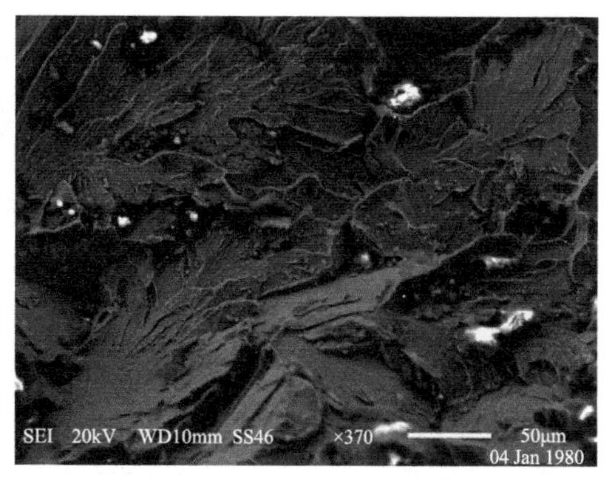

图2　Ⅰ区SEM图

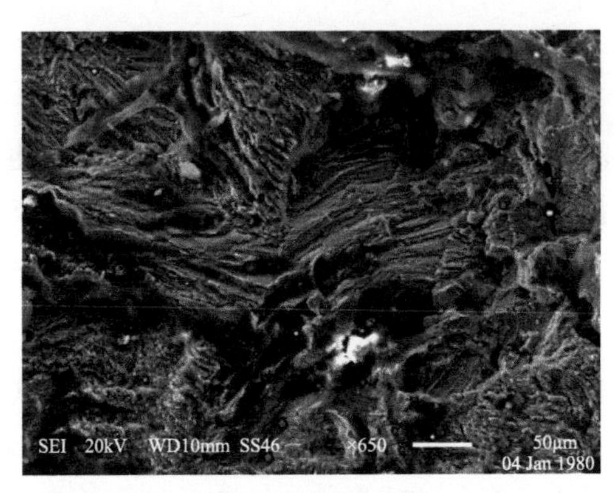

图3 Ⅱ区 SEM 图

（2）化学成分分析

从断裂二沉池齿轮上截取样品依据标准 GB/T 4336《碳素钢和中低合金钢火花源原子发射光谱分析方法（常规法）》对其进行化学成分检测，结果见表 1。由此可知，该二沉池齿轮化学成分符合 GB/T 699《优质碳素结构钢》对 45 钢的要求。

表 1 二沉池齿轮化学成分检测结果 单位: %（质量分数）

项目	C	Si	Mn	P	S	Cr	Ni	Cu
标准值	0.42～0.50	0.17～0.37	0.50～0.80	≤0.035	≤0.035	≤0.25	≤0.30	≤0.25
实测值	0.456	0.205	0.610	0.0219	0.0158	0.0224	0.0094	0.0091
判定	合格	合格	合格	合格	合格	合格	合格	合格

（3）金相检验

在断裂二沉池齿轮断口处从横、纵两个方向分别截取试样。试样经镶嵌、磨制、抛光后，在金相显微镜下观察，发现试样中存在大量夹渣和非金属夹杂物，见图 4～图 6。经 4% 硝酸酒精溶液腐蚀后，在金相显微镜下观察。齿轮心部显微组织为片状珠光体 + 铁素体，见图 7～图 9 可见珠光体片层间距粗大，铁素体呈网状分布，局部出现铁素体呈针状向晶粒内穿插，形成轻微的魏氏组织。且晶粒粗大，大小分布极不均匀。过渡区显微组织和齿顶显微组如图 10～图 13 所示。可见铁素体呈网状分布。

图4 试样中存在的夹渣（一）

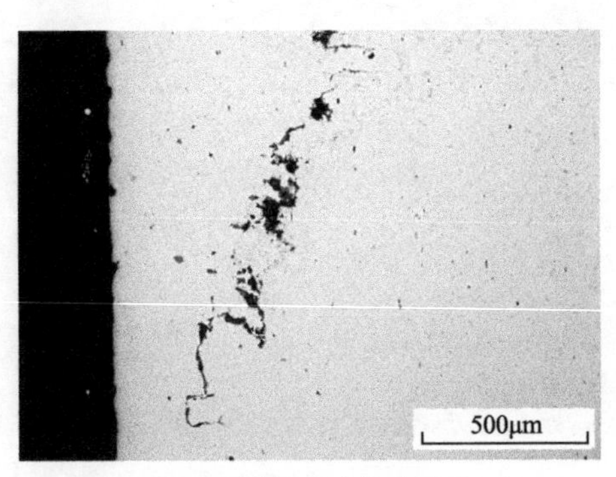

图5 试样中存在的夹渣（二）

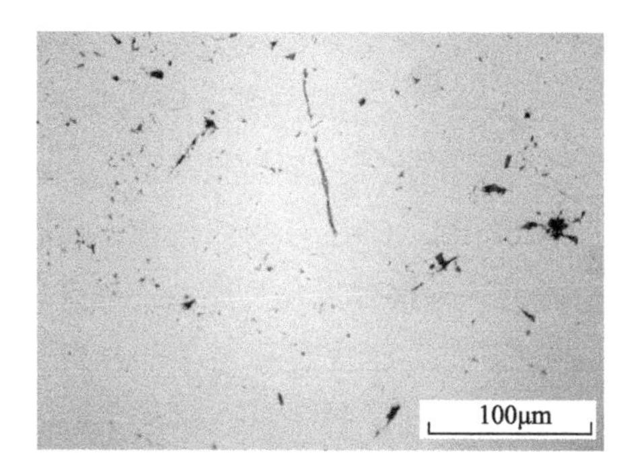

图 6 试样中存在的夹渣及夹杂物

图 7 珠光体片层间距粗大

图 8 心部显微组织（一）

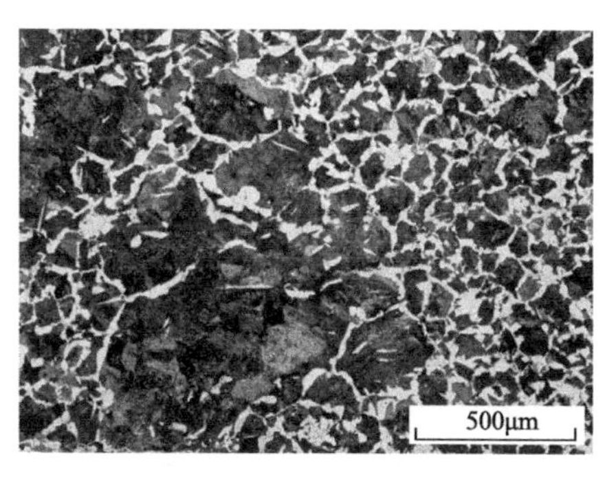

图 9 心部显微组织（二）

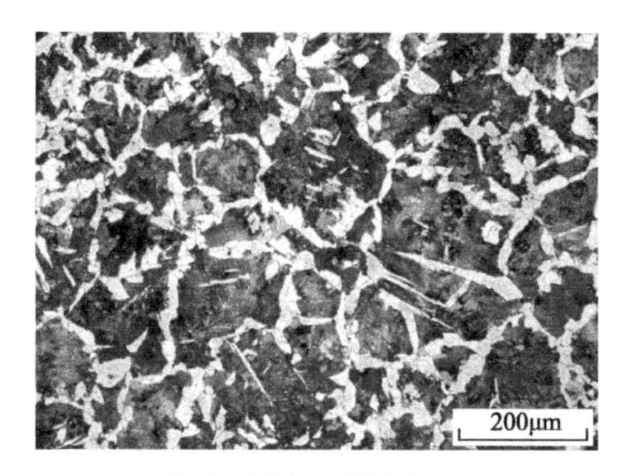

图 10 过渡区显微组织（一）

图 11 过渡区显微组织（二）

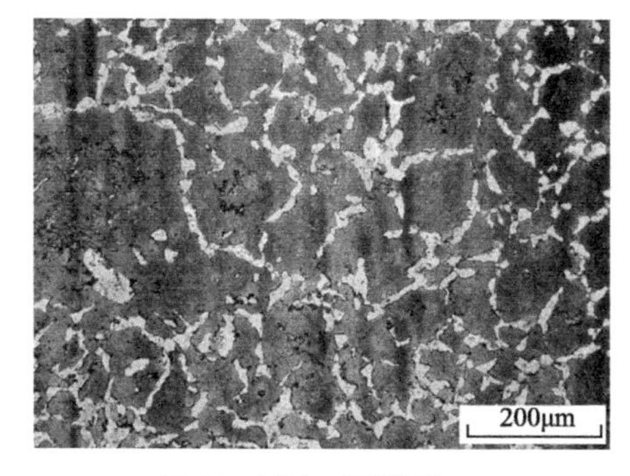

图 12 过渡区显微组织（三）

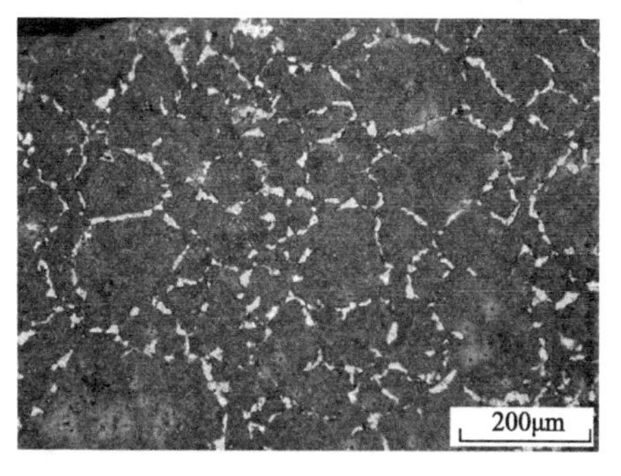

图 13 齿顶显微组织

2.分析与讨论

① 由化学成分检测结果可知，断裂的二沉池齿轮的化学成分符合标准要求。

② 由金相检验结果可知，齿轮组织中存在大量非金属夹杂物和夹渣。在钢的冶炼过程中，在金属中加入脱氧元素，如 Si、Mn、Al、Ca、Ti 等，这些元素的加入与铁中的氧发生反应，在金属内生产不能溶解的各种固体氧化物微粒，而形成的氧化物与熔渣相互作用又可以形成许多复杂的夹杂物，这些夹杂物大部分在钢液凝固钱作为炉渣浮出。为了进一步提高钢的纯洁度，先进的炼钢方法使钢液中的纯度大大提高，但是总有一部分残留在钢中，而形成钢中的夹杂物。另外，高温时溶解在钢中的物质，当温度降低时，其溶解度减小，使这些物质自钢中分离出来也会形成夹杂物。夹杂物存在于钢中的数量虽不多，但对钢及其产品的性能危害较大[2]。夹渣是形状不规则的非金属夹杂物，这种夹杂的来源可能是熔炼渣和精炼渣，可能是处理有色合金时的溶剂和熔渣，也有可能是浇注系统的耐火材料或其他物质进入并留在钢液中。这种大块的夹渣通常是不允许存在的缺陷。非金属夹杂物和夹渣的存在破坏了金属基体的均匀连续性，造成局部应力集中，促进微裂纹的产生，并在一定条件下加速裂纹的扩展，从而造成材料的早期破坏。

③ 对心部组织依据 GB/T 6394《金属平均晶粒度测定法》进行晶粒度评定，1# 试样粗晶粒级别＞ 0.5 级，细晶粒级别约为 3.5 级; 2# 试样粗晶粒级别＞ 0.5 级，细晶粒级别约为 4 级。由此可知样品心部局部组织晶粒粗大，且晶粒大小极不均匀，粗大的晶粒使材料的强度、塑性和韧性等力学性能显著降低。无论是自由锻、模锻还是各种特种锻造，锻造都是利用钢在高温时具有良好的塑性变形能力，对金属进行锤击、加压、热镦、轧制和挤压等方法，使金属产生塑性流动，消除钢中的疏松，提高钢的致密度，改善钢中原有的组织成分的不均匀性和改变钢中夹杂物的大小和分布状态，提高钢的各项性能。但由于锻造温度高、晶粒粗大，不能直接使用，还需提高正火消除锻态组织，才能发挥锻件的优良性能[1]。

④ 金相检验还可知，心部组织中存在魏氏组织。魏氏组织是过热组织，晶粒粗大且存在轻微过热魏氏组织，可能是锻造温度过高且正火不规范造成的。锻件通过正火重新奥氏体化，进一步细化锻件的晶粒，提高锻件综合机械性能。正火空冷时，如果冷却速度快，局部出现铁素体呈针状向晶粒内穿插，形成魏氏组织[1]。魏氏组织的存在如果伴随晶粒粗大，则使钢的力学性能下降，尤以冲击性能下降为甚。

⑤ 由齿顶显微组织可知，齿轮进行了淬火处理。淬火组织中出现网状铁素体，可能是淬火温度不高，组织没有全部奥氏体化，也可能是淬火冷却不足造成的。网状铁素体的形成对淬火组织的硬度和机械性能有不利影响。

3.结论

综合以上分析可知，由于齿轮锻造工艺及热处理工艺不当等原因，导致齿轮工作过程中，在夹渣、非金属夹杂物及组织缺陷处，产生微裂纹，并在力的作用下，裂纹沿齿轮内壁键槽边缘以及齿轮边缘过渡直角等应力集中处扩展，直至发生断裂。

参考文献

[1] 黄振东. 钢铁金相图谱［M］. 北京：中国科技文化出版社，2005: 69, 1051.
[2] 李炯辉，林德成. 金属材料金相图谱：上册［M］. 北京：机械工业出版社，2006: 597.

案例9 球状铅相

某住户房屋卫生间淋浴器的弯头对丝发生断裂

案例分析

【背景】

某住户房屋卫生间淋浴器的弯头对丝在使用过程中发生断裂。待分析的卫生间淋浴器冷水管接口处的弯头对丝安装在卫生间东面墙上。淋浴器右侧冷水管接口处弯头对丝断裂。对丝材质为铅黄铜。

【知识点】

本案例涉及房屋卫生间淋浴器的弯头对丝材料的热处理工艺、金相组织、力学性能、合金元素、相变反应、裂纹类型、裂纹的产生和扩展、房屋卫生间淋浴器的弯头对丝使用的实际环境（受力分析和其他环境）、金相制样和组织观察、裂纹的扩展方向、房屋卫生间淋浴器的弯头对丝所承受的外在条件对裂纹扩展的影响等。

【重难点】

本案例涉及的重难点知识是房屋卫生间淋浴器的弯头对丝在使用过程中，断裂处材料表层的组织、结构上的缺陷，与弯头对丝组织的热处理工艺和成型工艺之间的关系。

【关键问题】

本案例需要解决的关键问题是房屋卫生间淋浴器的弯头对丝在使用过程中，断裂处材料表层的组织中出现球状铅相的原因，以及在这种介质环境下，发生断裂的类型和预防的措施。

【方法】

首先对房屋卫生间淋浴器的弯头对丝断口表面进行多次清洗，吹干，详细地观察是否出现裂纹、裂纹的扩展方向、裂纹的形态，分别沿着断裂部位的横纵方向分别取样，以备后续的观察使用；利用扫描电子显微镜对断口处微观形貌进行表征；利用能谱仪对弯头对丝断口处组织中的球状相进行能谱分析；利用金相显微镜对经镶嵌、磨制、抛光、腐蚀后的试样进行组织观察，了解裂纹的微观形态和组织结构；利用密闭的器皿将试样存放起来，保持周围环境的干燥，以便后续继续使用。

【结果】

通过宏观检验、化学成分分析、金相检验分析、扫描电子显微分析等手段对房屋卫生间淋浴器的弯头对丝断裂原因进行分析。结果表明，该淋浴器冷水管弯头对丝显微组织中出现球状铅相组织，降低材料的力学性能，造成其受力后发生断裂。具体的实验结果如下。

1.检验

（1）宏观检查

断裂弯头对丝的实物形貌见图1。对丝与弯头连接处用白色胶带缠绕，弯头表面未见撞击痕迹，断口周围无明显塑性变形。断裂的对丝拧入弯头约5mm，对丝断口与弯头端面基本齐平。断裂发生在螺纹牙底，见图2。Ⅰ区为裂纹源，颜色灰暗；Ⅱ区为扩展区；Ⅲ区为终断区，可见有塑性变形。

图1　对丝形貌

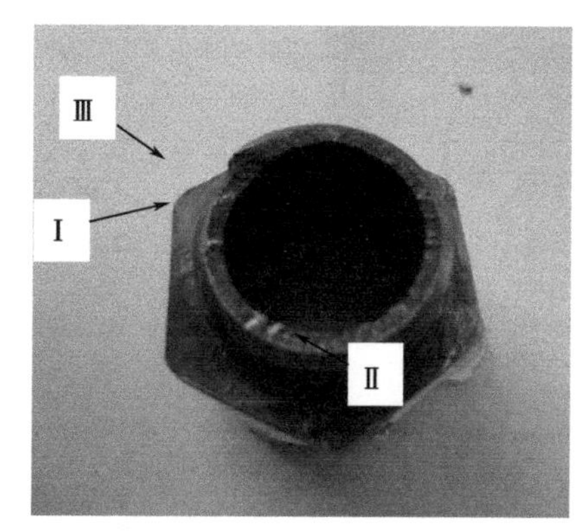

图2　断口形貌

（2）金相检查

在对丝断裂处分别从横、纵方向截取试样进行金相分析。依据标准GB/T 13298《金属显微组织检验方法》制备试样。试样经镶嵌、磨制、抛光后，在金相显微镜下观察，发现存在大小不一的黑色球状相，最大直径约为80μm，最小直径约为8μm，黑色球状相大小相差悬殊，分布有偏聚现象，见图3～图6。经氯化高铁盐酸水溶液浸蚀后，显微组织见图7～图9。

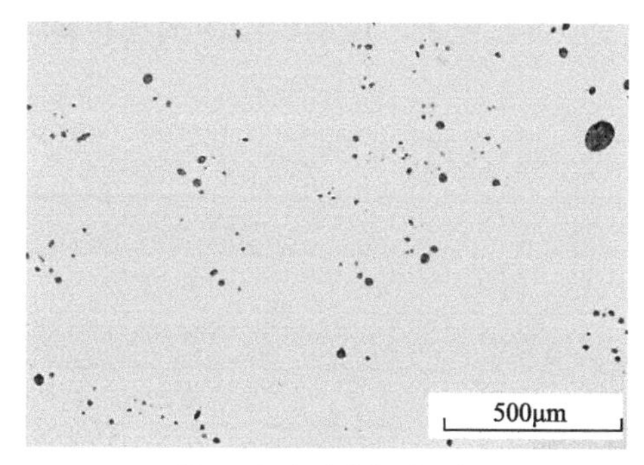

图3　黑色球状相（一）

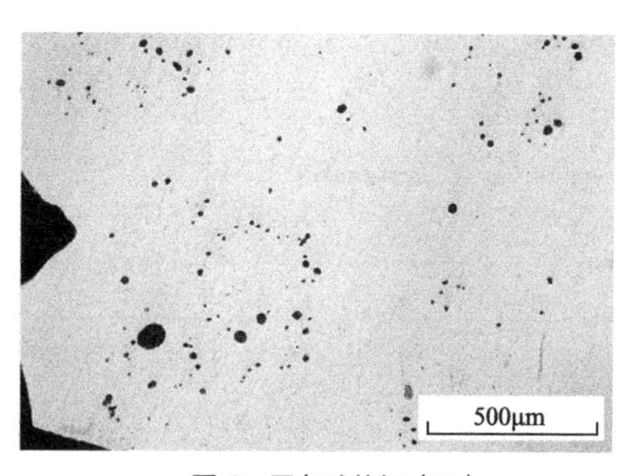

图4　黑色球状相（二）

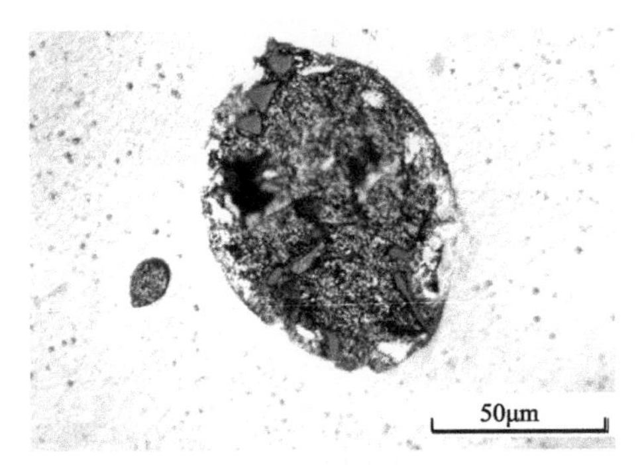

图 5　黑色球状相（三）

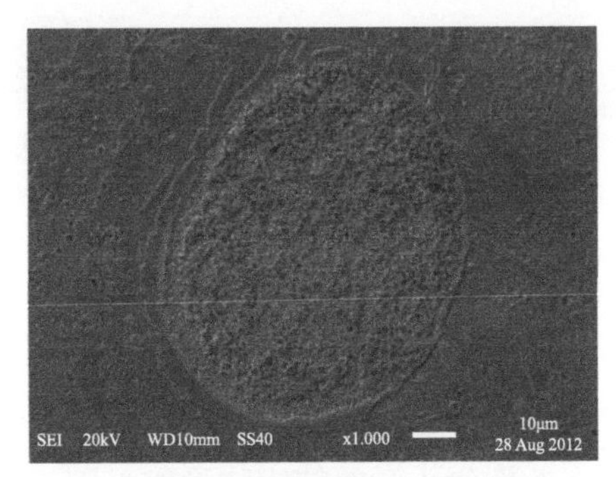

图 6　黑色球状相（SEM）

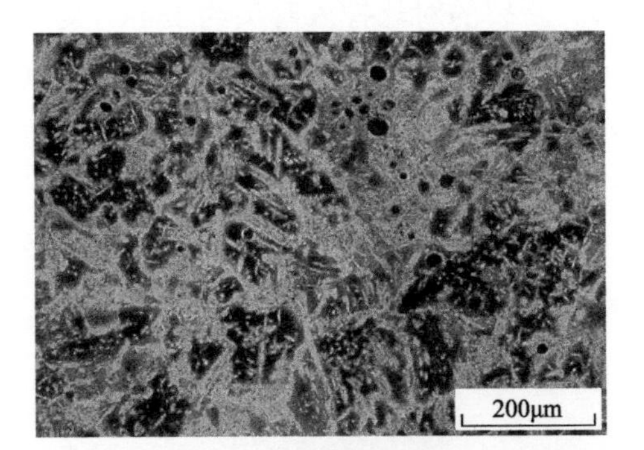

图 7　显微组织（一）

图 8　显微组织（二）

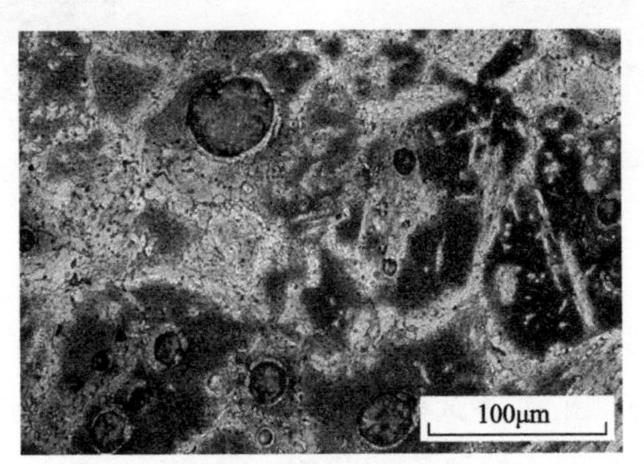

图 9　显微组织（三）

（3）能谱分析

利用能谱仪对弯头对丝基体组织中存在的黑色球状相进行能谱分析，检测结果见表 1。可见，其主要包含 Pb、O、S、Cu、Zn 等五元素，说明组织中的黑色球状相为铅相。

表 1　黑色球状相能谱检测结果　　单位：%（质量分数）

元素	位置 1	位置 2	位置 3
O	9.88	10.36	10.22
S	7.31	7.33	7.19
Cu	2.33	2.23	2.29
Zn	2.21	2.15	2.23
Pb	78.27	77.93	78.07

2.**分析与讨论**

① 金相检查结果说明该弯头对丝组织为铸态组织。灰色基体为β相，α相呈白色条状、针状卵形自晶界及晶内析出。此组织的性能均匀性较差，过于严重时还会形成撕裂断口[1]。

② 能谱分析说明该弯头对丝中的黑色球状相为铅相。结合金相检验结果，铅相在基体上呈聚集状和网状分布。铅在黄铜中以独立的游离铅存在，铅质点既有润滑作用，又可使切屑易断，呈崩碎状。铅的分布情况对黄铜的性能影响很大，在熔炼时必须加强搅拌，以得到分散、均匀、细小的铅颗粒分布。此工件中铅相大小不一，且沿晶界呈网状分布，降低晶界结合能力，易沿晶界产生开裂[1]。

3.**结论**

该淋浴器冷水管弯头对丝显微组织中出现球状铅相组织，降低材料的力学性能，造成其受力后发生断裂。

参考文献

[1] 李炯辉，林德成. 金属材料金相图谱：上册［M］. 北京：机械工业出版社，2006:1488-1539.

案例10　枝晶组织

某公司娱乐广场使用风冷热泵冷（热）水机组出现铜管开裂

案例分析

【背景】

某公司娱乐广场使用风冷热泵冷（热）水机组出现铜管开裂现象。风冷热泵冷（热）水机组长期受到复杂环境（温度、应力和腐蚀介质环境）的影响。

【知识点】

本案例涉及风冷热泵冷（热）水机组铜管材料的热处理工艺、枝晶组织、硬脆异质相、断裂类型以及影响因素、液体的凝固理论、固溶度、相变反应、应力的集中、裂纹的性质、裂纹的产生和扩展、风冷热泵冷（热）水机组铜管使用的实际环境（温度、应力和腐蚀介质环境情况）、金相制样和组织观察、减小裂纹扩展的措施、风冷热泵冷（热）水机组铜管所承受的外在条件对裂纹扩展的影响等。

【重难点】

本案例涉及的重难点知识是风冷热泵冷（热）水机组铜管使用过程中，组织中出现枝晶组织和结构中异质相的原因；如何调整热处理工艺和改善使用环境，提高风冷热泵冷（热）水机组铜管的实用性。

【关键问题】

本案例需要解决的关键问题是风冷热泵冷（热）水机组铜管使用过程中，组织中出现枝晶组织和结构中异质相的工艺参数，如何采取科学合理的热处理工艺参数，改善材料的组织结构。

【方法】

首先对风冷热泵冷（热）水机组铜管发生开裂处进行多次清洗，吹干，详细地观察是否出现裂纹、裂纹的扩展方向、裂纹的形态，在其发生开裂部位的横向和纵向上分别截取试样，以备后续的观察使用；利用能谱仪对基体及蓝灰色相进行能谱分析；利用金相显微镜对经镶嵌、磨制、抛光、腐蚀后的试样进行组织观察，了解裂纹的微观形态和材料的组织结构；利用干燥器皿将试样存放起来，保持周围环境的干燥，以便后续继续使用。

【结果】

采用宏观检验、金相组织分析、显微硬度分析等方法分析了风冷热泵冷

（热）水机组铜管发生开裂的原因。结果表明，由于铜管局部组织内存在大量脆性相，并且在受力的作用后在脆性相内部及相界处生成微裂纹，成为裂纹源，微裂纹在力的作用下发生扩展，造成脆性相破碎并脱落形成孔洞，降低有效承载面积；裂纹扩展到一定程度后，与邻近的脆性相的微裂纹交汇在一起，成为裂纹通道，进一步加速裂纹的扩展，最终致使该铜管发生开裂。具体的实验结果如下。

1.检验

（1）宏观检验

图1位开裂铜管的实物形貌。由图可知，开裂沿铜管轴向发生，开裂处铜管管壁减薄，出现胀粗和鼓包现象。

（2）金相检查

在开裂处从横纵方向上分别截取试样进行金相，取样位置如图1所示。试样经镶嵌、磨制、抛光后，在金相显微镜下观察。发现大量蓝灰色相，部分呈枝晶状分布，蓝灰色相内部存在孔洞，如图2所示。另外，在断口附近发现多条微裂纹，微裂纹沿蓝灰色相扩展，并在蓝灰色相之间延伸，同时发现开裂发生在蓝灰色相处，并向内部扩展，见图3。由图3还可以观察到部分蓝灰色相呈长条状分布在铜基体上。试样经浸蚀后观察，开裂处显微组织为单相 α 固溶体＋蓝灰色相，蓝灰色相内部存在微裂纹，如图4所示。

图1　开裂铜管实物形貌

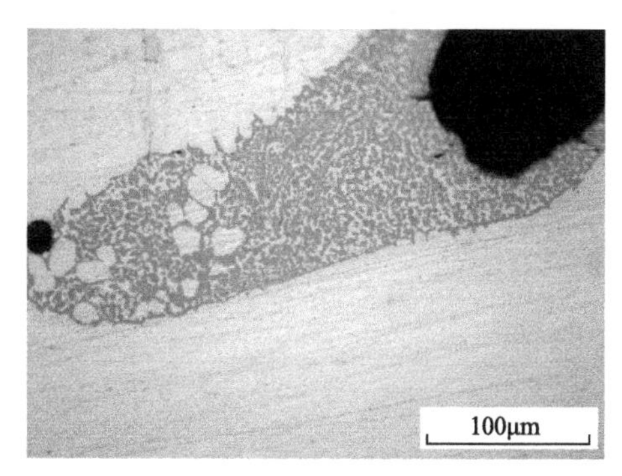

图2　蓝灰色相形貌

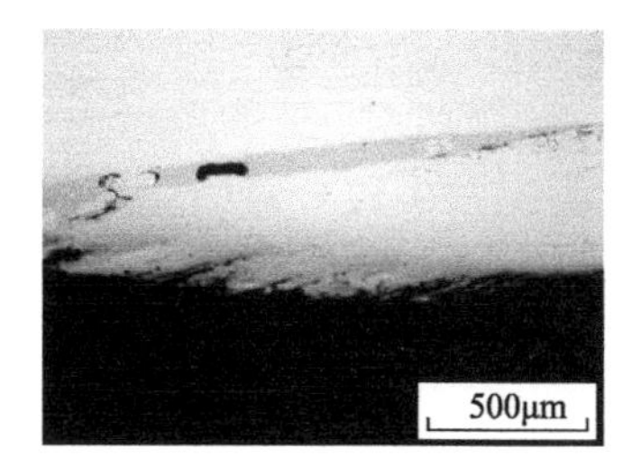

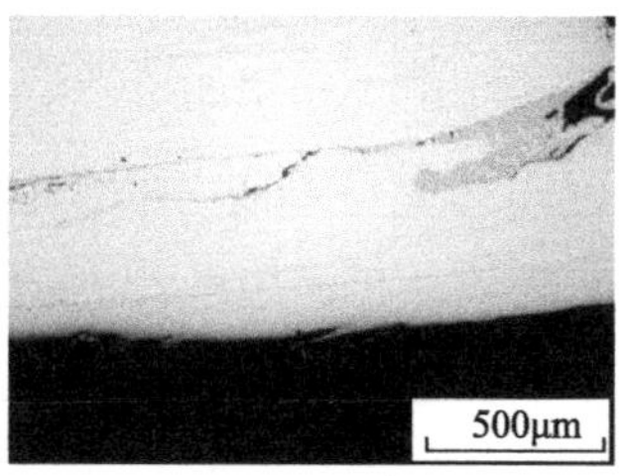

500μm

图3　微裂纹

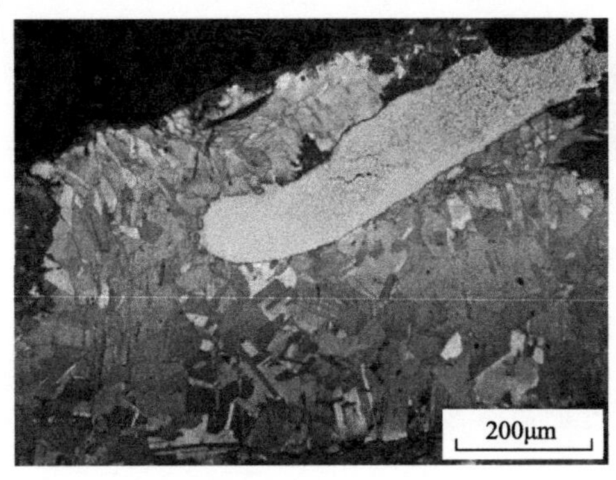

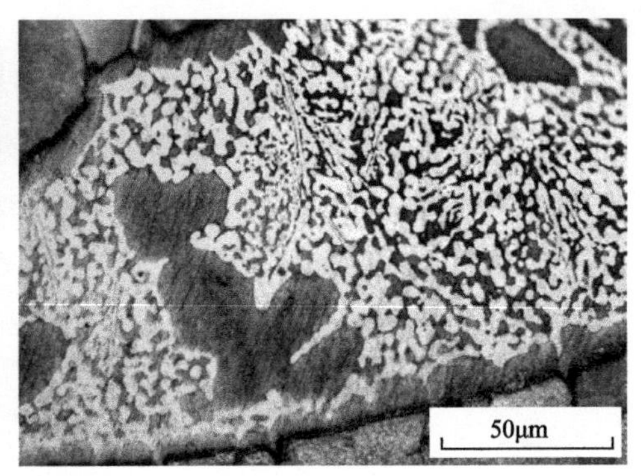

图4　显微组织

（3）能谱分析

对铜管基体进行能谱分析，检测结果为Cu100%。由此可知，铜管基体材质为纯铜。

对蓝灰色组织进行能谱分析检测结果见表1。由表1可知，蓝灰色组织由Cu、P两种元素组成。

表1　蓝灰色相能谱分析结果　　　　单位: %（质量分数）

项目	位置1	位置2	位置3
Cu	87.34	87.78	87.69
P	12.66	12.22	12.31

2.分析与讨论

由金相检验结果可知，开裂铜管断口附近显微组织中存在大量蓝灰色相，并在蓝灰色相内部发现孔洞及微裂纹。结合能谱检测结果可知，蓝灰色相为Cu_3P化合物。蓝色区域为（α+Cu_3P）共晶体，其中白色块状及枝晶状为α固溶体。该区域合金极脆，易发生破碎，且导电、导热及塑性均明显下降，受力后易在此处产生微裂纹[1]。金相检验结果也证明这一点，在断口附近脆性（α+Cu_3P）共晶体内发现微裂纹，并且在微裂纹扩展后，造成脆性相破碎并脱落，从而在（α+Cu_3P）共晶体内形成孔洞。

Cu_3P化合物是磷超过了固溶度后与铜形成的相。磷在铜的熔炼中能有效地进行脱氧，提高铜液的流动性，微量磷还能提高成品铜的焊接性。高温下磷在铜中的固溶度最高可达1.75%。温度下降时固溶度也明显下降，并析出蓝灰色的Cu_3P相。714℃化合物可与铜生成放射状的Cu-Cu_3P共晶[1]。

蓝色区域中部分白色α固溶体呈枝晶状分布，且枝晶间发生较严重的枝晶偏析，枝晶间富磷，而在枝晶间形成非平衡脆性相Cu_3P化合物。若枝晶间偏析使组织中出现非平衡脆性相，则合金塑性明显降低，特别是枝晶网胞间生成连续的粗大脆性化合物网状壳层时，合金塑性将急剧下降[2]。

另外，长条状脆性相的存在，严重割裂基体，造成局部应力集中。

3.结论

由于铜管局部组织内存在大量脆性相，并且在受力的作用后在脆性相内部及相界处生成微裂纹，成为裂纹源，微裂纹在力的作用下发生扩展，造成脆性相破碎并脱落形成孔洞，降低有效承载面积；裂纹扩展到一定程度后，与邻近的脆性相的微裂纹交汇在一起，成为裂纹通道，进一步加速裂纹的扩展，最终致使该铜管发生开裂。

参考文献

[1] 李炯辉，林德成．金属材料金相图谱：上册［M］．北京：机械工业出版社，2006: 1482.
[2] 田荣璋，王祝堂．铜合金及其加工手册［M］．长沙：中南大学出版社，2002: 59.

案例11 Fe-Si杂质相

某公司散热器丝堵断裂造成漏水现象

案例分析

【背景】

某公司散热器丝堵断裂造成漏水现象。散热器丝堵长期受到复杂环境（温度、应力和腐蚀介质环境）的影响。

【知识点】

本案例涉及散热器丝堵材料HMn57-3-1的热处理工艺和加工工艺、Fe-Si杂质相、硬脆异质相、断裂类型以及影响因素、α相、组织变形、液体的凝固理论、固溶度、相变反应、应力的集中、裂纹的性质、裂纹的产生和扩展、散热器丝堵使用的实际环境（温度、应力和腐蚀介质环境情况）、金相制样和组织观察、减小裂纹扩展的措施、裂纹的扩展原理及影响因素、散热器丝堵所承受的外在条件对裂纹扩展的影响等。

【重难点】

本案例涉及的重难点知识是散热器丝堵使用过程中，组织中产生长条状Pb相及Fe-Si杂质相的原因，如何调整热处理工艺和改善使用环境，提高散热器丝堵的实用性。

【关键问题】

本案例需要解决的关键问题是散热器丝堵使用过程中，组织中出现长条状Pb相及Fe-Si杂质相的工艺参数；如何采取科学合理的热处理工艺参数，改善材料的组织结构。

【方法】

首先对散热器丝堵发生开裂处进行多次清洗，吹干，详细地观察是否出现裂纹、裂纹的扩展方向、裂纹的形态，在其发生开裂部位的横向和纵向上分别截取试样，以备后续的观察使用；利用扫描电子显微镜表征开裂处材料的微观形貌；利用能谱仪对星花状相、块状灰色相以及长条状相进行能谱分析；依据标准对丝堵化学成分进行检测；利用金相显微镜对经镶嵌、磨制、抛光、腐蚀后的试样进行组织观察，了解裂纹的微观形态和材料的组织结构；利用干燥器皿将试样存放起来，保持周围环境的干燥，以便后续继续使用。

【结果】

采用宏观检验、金相组织分析、扫描电子显微分析、化学成分分析等方法分析了散热器丝堵发生开裂的原因。结果表明，该散热器铜质丝堵的化学成分不符合 GB/T 5231《加工铜及铜合金化学成分和产品形状》标准的要求，影响其铸锻性能，且显微组织中存在大量的长条状 Pb 相及 Fe-Si 杂质相，降低材料力学性能，在外力的作用下，造成散热器铜丝堵断裂。具体的实验结果如下。

1. 检验

（1）宏观检验

图 1 为断裂丝堵实物形貌。由图可知，断口齐平，颜色陈旧，断口周围无明显塑性变形，断裂沿管壁圆周方向发生，为脆性断口。

（2）化学成分分析

从断裂丝堵上取样进行化学成分分析，HMn57-3-1，结果见表 1。由检测结果可知，该铜质丝堵的化学成分中 Pb、Mn 两种元素含量不符合标准 GB/T 5231《加工铜及铜合金化学成分和产品形状》对 HMn57-3-1 的要求。（注：由于样品数量不够，无法按照国标检测 Cu 含量，因而采用 KI-$Na_2S_2O_3$ 方法进行检测，检测结果小于标准值，由于没有按照国标检测，检测结果不作为判定依据。）

表 1　化学成分检测结果　　单位：%（质量分数）

项目	Cu	Fe	Pb	Al	Mn	Ni
标准值	55.0 ～ 58.5	≤ 1.0	≤ 0.2	0.5 ～ 1.5	2.5 ～ 3.5	≤ 0.5
实测值	54.91	0.4	4.39	0.54	0.16	0.34

（3）金相检验

从断裂铜质丝堵断口横向、纵向两个方向上截取试样，按标准 GB/T 13298《金属显微组织检验方法》制备试样。试样经镶嵌、磨制、抛光后，在金相显微镜下观察。发现大量星花状、块状的灰色相，如图 2 所示。在断口附近发现微裂纹，沿灰色相扩展，如图 3 所示。用氯化高铁盐酸水溶液浸蚀后观察，发现丝堵显微组织为 α 相，组织有变形，如图 4、图 5 所示。组织上存在大量长条状相，长条状相沿加工方向分布在 α 基体上，最大尺寸约为 30μm，如图 6 所示。

图 1　断裂丝堵的实物图（断裂面）

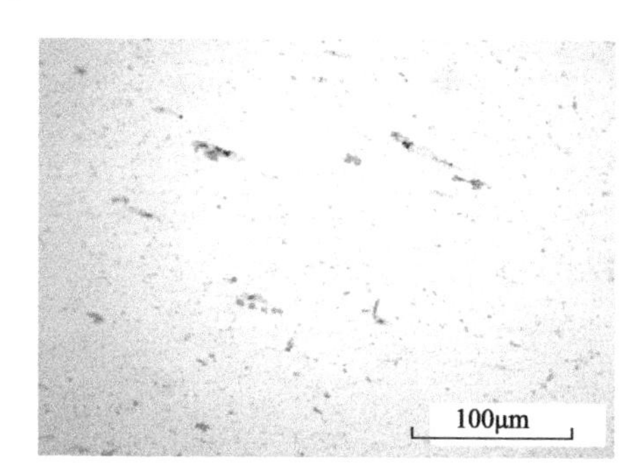

图 2　试样中的杂质相

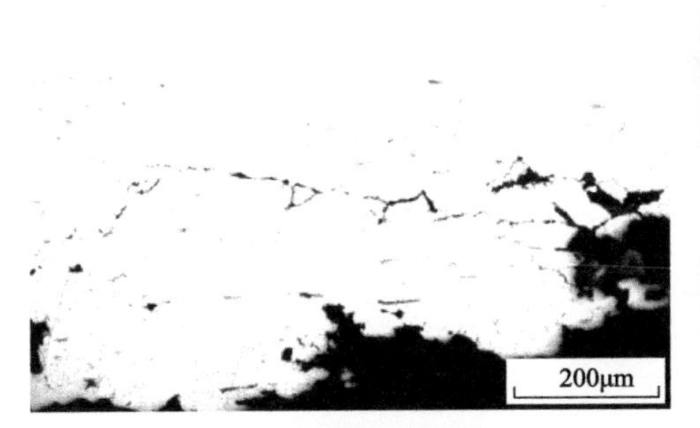

图 3　断口附近微裂纹

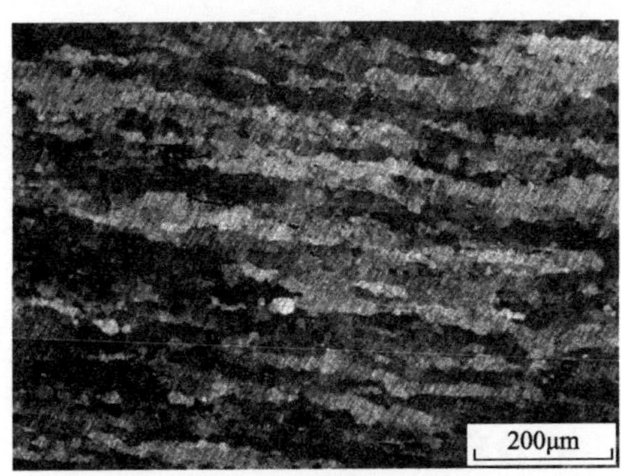

图 4　显微组织

(a) 横向

(b) 纵向

图 5　显微组织的 SEM 图

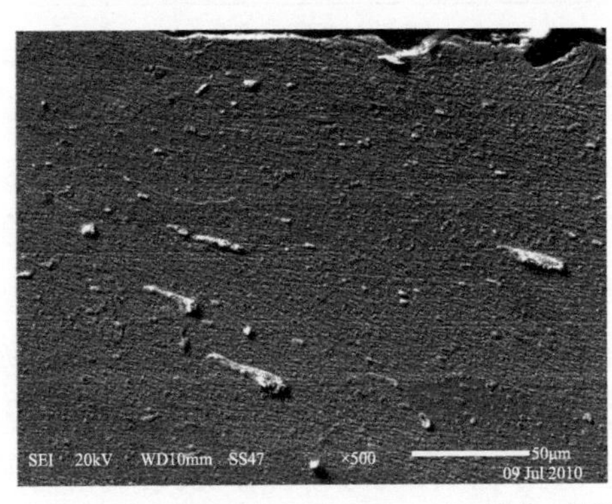

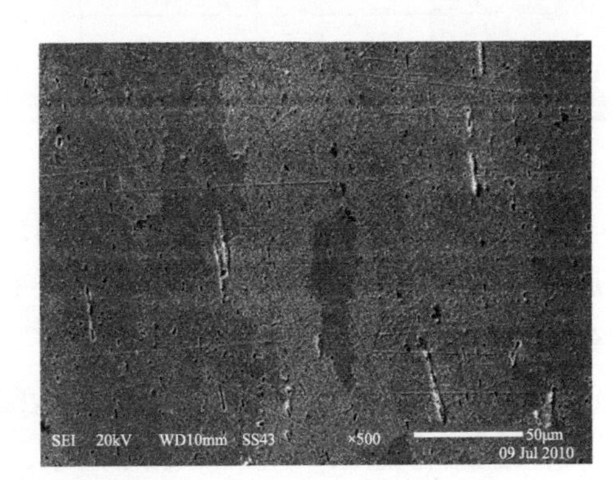

图 6　长条状相的 SEM 图

（4）能谱分析

对显微组织中存在的星花状、块状灰色相进行能谱分析，主要元素及含量见表 2。由表 2 可知，该杂质相主要包含 Fe、Si、Cu、Zn、Mn 等元素。

对显微组织中存在的长条状相进行能谱分析，主要元素及含量见表 3。由表 3 可知，长条状相主要包含 Pb、Cu、O、S、Zn、Cl 等元素。

2.结果与讨论

① 化学成分检测结果表明，该铜质丝堵中 Mn 含量明显低于 GB/T 5231《加工铜及铜合金化学成分和产品形状》对 HMn57-3-1 的要求，对铜质材料进行铸锻加工

表2 星花状、块状灰色相能谱分析结果 单位：%（质量分数）

项目	位置1	位置2	位置3
Fe	69.41	70.82	69.98
Si	12.69	11.21	11.59
Cu	4.71	8.04	6.28
Zn	3.05	5.66	5.01
Mn	1.01	0.81	1.13

表3 长条状相能谱分析结果 单位：%（质量分数）

项目	位置1	位置2	位置3
O	2.44	9.10	2.31
S	2.37	7.11	1.77
Cl	2.07	2.15	2.48
Cu	16.57	9.14	22.58
Zn	8.39	5.37	12.09
Pb	62.87	59.08	52.77

过程中，Mn能固溶于α黄铜，产生固溶强化，提高材料性能，其含量低易降低固溶强化效果[1]。另外，向Cu-Zn合金中加入1%～4%Mn，能显著提高黄铜的机械性能和合金在氯化物、海水及过热蒸汽中的抗蚀性，合金的耐热性和承受冷热压力加工的性能也很好[2]。化学成分检测结果同时表明，Pb含量远远高于GB/T 5231《加工铜及铜合金化学成分和产品形状》的要求。铅几乎不溶于Cu-Zn合金，存在于固溶体晶界处，经过压力加工，呈游离状态的孤立相分布于固溶体中，有相当强的润滑与减磨作用，使合金具有极高的可切削性能，切削易碎，工件表面光洁。当铅含量大于3%后，不会进一步改善合金的可切削性能，反而会使合金的力学性能全面下降[3]。

② 结合显微组织和能谱分析结果，确定断裂铜质丝堵基体组织中存在大量的富Fe相，铁相硬而脆，割裂基体组织，使性能恶化，受力的作用易在此处产生微裂纹。金属间化合物本身一般都具有熔点高、硬度高、脆性大的特点，是许多工程用合金不可缺少的组成相。当金属间化合物数量适当，形状分布合理，则可提高合金的强度、硬度、耐热性、耐磨性等。但有些化合物的存在会导致合金发脆，应尽量避免[3]。Fe在黄铜中的溶解度很小，一般以游离富铁相存在于合金中，若合金中同时存在Si元素，它将与Si形成高硬度的Fe_3Si（950HV）硬质点，使合金加工性能变差[1]。

结合显微组织和能谱分析，可确定该样品基体组织中存在的长条状相为Pb相。铅在黄铜中以独立的游离铅存在，其分布情况对黄铜的性能影响很大，为此在熔炼时须加强搅拌，以得到分散、均匀、细小的铅颗粒分布[1]。断裂丝堵中的铅聚集长大成为长条状、大尺寸铅相，严重割裂基体连续性，大大降低材料力学性能。

3.结论

该散热器铜质丝堵的化学成分不符合GB/T 5231《加工铜及铜合金化学成分和产品形状》标准的要求，影响其铸锻性能，且显微组织中存在大量的长条状Pb相及硬脆Fe-Si杂质相，降低材料力学性能，在外力的作用下，造成散热器铜丝堵断裂。

参考文献

[1] 李炯辉，林德成. 金属材料金相图谱：上册［M］. 北京：机械工业出版社，2006: 1488.
[2] 史美堂. 金属材料及热处理［M］. 上海：上海科学技术出版社，1984: 207.
[3] 田荣璋，王祝堂. 铜合金及其加工手册［M］. 长沙：中南大学出版社，2002: 53, 214.

案例 12 应力腐蚀

某公司满－液式水源热泵机组蒸发器发生泄漏

案例分析

【背景】

某公司生产的满-液式水源热泵机组的蒸发器发生泄漏。蒸发器的型号为FF64D626，蒸发器安装在某温泉度假村锅炉房内，整套设备正在运行中。长期受到复杂环境（温度、应力和腐蚀介质环境）的影响。

【知识点】

本案例涉及蒸发器材料的热处理工艺、退火工艺、开裂类型以及影响因素、合金元素、应力腐蚀及影响因素、腐蚀介质、应力的集中、裂纹的性质、裂纹的产生和扩展、蒸发器使用的实际环境（温度、应力和腐蚀介质环境情况）、金相制样和组织观察、减小裂纹扩展的措施、裂纹的扩展原理及影响因素、蒸发器所承受的外在条件对裂纹扩展的影响等。

【重难点】

本案例涉及的重难点知识是；蒸发管因加工后存在应力，容易引起应力腐蚀；如何调整热处理工艺和改善使用环境，提高蒸发器的实用性。

【关键问题】

本案例需要解决的关键问题是蒸发器组织中存在应力，如何采取科学合理的热处理工艺参数，改善材料的组织结构。

【方法】

首先对蒸发器发生开裂处进行多次清洗，吹干，详细地观察是否出现裂纹、裂纹的扩展方向、裂纹的形态，在其发生开裂部位的横向和纵向上分别截取试样，以备后续的观察使用；利用扫描电子显微镜对蒸发器发生开裂处材料的微观形貌进行表征；利用能谱仪蒸发器对发生开裂处微裂纹内物质进行能谱分析；利用金相显微镜对经镶嵌、磨制、抛光、腐蚀后的试样进行组织观察，了解裂纹的微观形态和材料的组织结构；利用干燥器皿将试样存放起来，保持周围环境的干燥，以便后续继续使用。

【结果】

采用宏观检验、金相组织分析、化学成分分析和扫描电子显微分析等方法分析了蒸发器发生开裂的原因。结果表明，蒸发管加工后存在应力，且在腐蚀环境下工作，应力腐蚀是造成其开裂泄漏的主要原因。具体的实验结果如下。

1. 检验

（1）宏观检验

图1为开裂蒸发管的实物形貌。由图可见，开裂沿蒸发管的轴向发生。

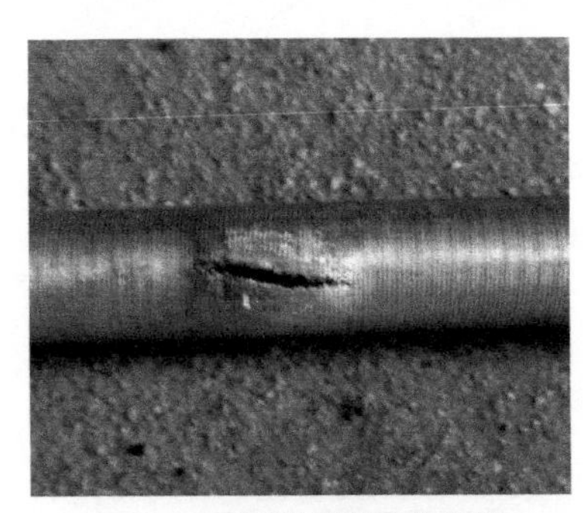

图1　开裂蒸发管的实物形貌

（2）金相检验

从开裂部位横、纵两个方向分别截取试样进行金相分析，依据GB/T 13298《金属显微组织检验方法》制备试样。横向试样经镶嵌、磨制、抛光后，在金相显微镜下观察，开裂发生在蒸发管内壁螺纹牙底，且在内壁螺纹牙底处发现多条微裂纹，微裂纹自表面向内部延伸，呈树枝状，微裂纹内被浅灰色物质填充，如图2所示。经氯化高铁盐酸水溶液腐蚀后，显微组织如图3所示。可见显微组织为单相α，组织不均匀，局部有变形，部分晶粒明显拉长，且存在大量滑移线。

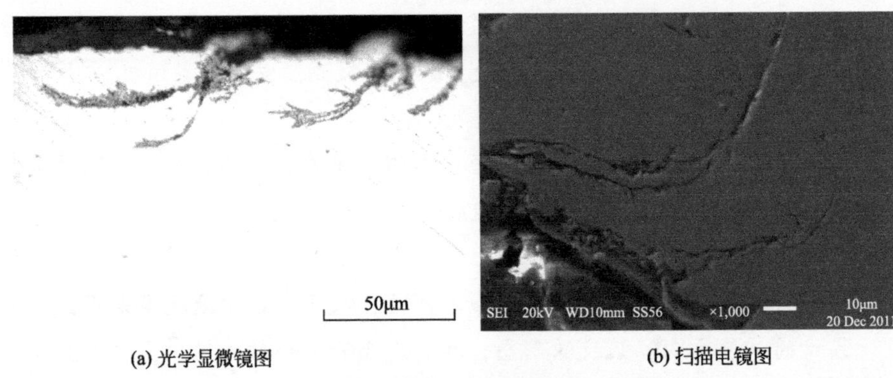

(a) 光学显微镜图　　(b) 扫描电镜图

图2　螺纹牙底处微裂纹

(a) 200×　　(b) 500×

图3　显微组织

（3）能谱分析

对蒸发管基体进行扫描电镜及能谱检测，结果见表 1。可见，蒸发管基体材质主要包含 Cu、Zn、Sn 三种元素。

表 1 蒸发管基体能谱分析结果 单位：%（质量分数）

项目	位置 1	位置 2	位置 3
Cu	69.54	68.71	68.92
Zn	28.76	29.97	29.67
Sn	1.71	1.32	1.41

对螺纹牙底处微裂纹进行扫描电镜及能谱检测，结果见表 2。发现氯离子含量较高。

表 2 微裂纹内物质能谱分析结果 单位：%（质量分数）

项目	位置 1	位置 2	位置 3
O	8.53	11.55	10.29
Cl	6.18	7.67	7.30
Cu	67.07	69.25	67.95
Zn	18.22	11.53	14.46

2. 分析与讨论

① 金相检验结果说明在蒸发管内壁螺纹牙底存在树枝状分布的微裂纹。该蒸发管加工后未进行退火处理，致使组织中存在残余应力。黄铜管加工后，为了防止应力腐蚀破裂，必须对冷加工后的黄铜及时进行低温退火（生产中多采用 275 ～ 325℃，保温 1 ～ 2h 的退火），以消除内应力 [1]。

② 能谱分析结果说明蒸发管主要包含 Zn、Cu、Sn 三种元素。向黄铜中加入 0.5% ～ 1.5%Sn，除了能稍微提高强度外，还能显著提高合金在海洋大气和海水中的抗蚀性，常在海船上使用，故有“海洋黄铜”之称 [2]。

能谱分析结果还说明螺纹牙底处微裂纹内浅灰色物质氯离子含量较高，说明蒸发管处于腐蚀环境中。黄铜的抗蚀性较好，跟紫铜相近，对大气、海水，以及氨以外的碱性溶液的耐蚀性很高，但在氨、铵盐和酸类存在的介质中抗蚀性较差，特别是对硫酸和盐酸的抗蚀性极差 [2]。

③ 结合金相检验和能谱分析结果，说明蒸发管因加工后存在应力，在腐蚀环境下发生了应力腐蚀，最终导致蒸发管开裂。含锌量大于 7%（尤其是含锌量大于 20%）的黄铜经冷加工后，在潮湿的大气及海水中，在含氨的情况下易产生腐蚀以致使黄铜破裂。这种现象叫“应力腐蚀破裂”，或叫“季裂”。它不仅存在于加工黄铜，不少其他铜合金甚至加工铜都有应力腐蚀发生的可能。应力腐蚀所引起开裂的特征与疲劳及腐蚀疲劳有相同之处，即材料的脆断，破裂处几乎不产生任何收缩变形。加工黄铜的应力腐蚀，往往是存有冷加工的残余应力或外加拉应力且处于易引起锌选择性溶解的腐蚀介质 [1]。

产生应力腐蚀破裂的原因是：①有残余应力存在；②介质具有腐蚀性；③含锌量较高。加工黄铜中含锌量越高，所有应力越大，则在腐蚀介质中破裂前的持续时间越短。防止应力腐蚀破裂的方法首先是进行低温退火以消除内应力；另外，往黄铜中加入一定量的锡、硅、铝、锰、镍等，可显著降低应力腐蚀破裂倾向；还可以在表面镀锌或锡等加以保护[1,2]。

3.结论

该蒸发管加工后未进行退火处理导致组织内存在应力，且在腐蚀环境下工作，发生应力腐蚀，是造成其开裂泄漏的主要原因。

参考文献

[1] 李炯辉，林德成．金属材料金相图谱：上册［M］．北京：机械工业出版社，2006: 1487.
[2] 史美堂．金属材料及热处理［M］．上海：上海科学技术出版社，1984: 206.

案例 13 晶间应力腐蚀

某公司空调波纹连接管发生泄漏

案例分析

【背景】

某公司空调波纹连接管发生泄漏。空调波纹连接管长期受到复杂环境（温度、应力和腐蚀介质环境）的影响。

【知识点】

本案例涉及空调波纹连接管材料668A不锈钢的热处理工艺和焊接工艺、焊缝、晶间应力腐蚀及特点、点腐蚀及特点、金属材料的结构、腐蚀介质、凝固理论、应力的集中、裂纹的性质、裂纹的产生和扩展、空调波纹连接管使用的实际环境（温度、应力和腐蚀介质环境情况）、金相制样和组织观察、减小裂纹扩展的措施、裂纹的扩展原理及影响因素、空调波纹连接管所承受的外在条件对裂纹扩展的影响等。

【重难点】

本案例涉及的重难点知识是空调波纹连接管使用过程中，焊接工艺参数控制不当，发生晶间应力腐蚀；氯离子的存在导致应力腐蚀和点腐蚀的发生；如何调整热处理工艺、焊接工艺和改善使用环境，提高空调波纹连接管的实用性。

【关键问题】

本案例需要解决的关键问题是空调波纹连接管发生晶间应力腐蚀、点腐蚀，如何采取科学合理的热处理工艺和焊接工艺参数，改善材料的组织结构。

【方法】

首先对空调波纹连接管发生开裂处进行多次清洗，吹干，详细地观察是否出现裂纹、裂纹的扩展方向、裂纹的形态，在其发生开裂部位的横向和纵向上分别截取试样，以备后续的观察使用；利用直读光谱仪对波纹连接管化学成分进行检测；利用能谱仪对空调波纹连接管泄漏点周围腐蚀产物进行能谱分析；利用金相显微镜对经镶嵌、磨制、抛光、腐蚀后的试样进行组织观察，了解裂纹的微观形态和材料的组织结构；利用干燥器皿将试样存放起来，保持周围环境的干燥，以便后续继续使用。

【结果】

本案例采用宏观检验、金相组织分析、化学成分分析和扫描电子显微分析等方法分析了空调波纹连接管发生开裂的原因。结果表明，焊接工艺参数控制不当，以及氯离子的存在，导致不锈钢波纹连接管发生点蚀和晶间应力腐蚀。具体的实验结果如下。

1. 检验

（1）宏观检验

泄漏的波纹连接管实物相貌如图 1 所示。经检验发现，漏点主要分布在焊缝上。

图 1　波纹连接管实物形貌

（2）化学成分分析

依据标准 GB/T 11170《不锈钢　多元素含量的测定　火花放电原子发射光谱法（常规法）》对波纹连接管化学成分进行检测，结果见表 1。结果显示，波纹连接管化学成分符合标准 GB/T 20878《不锈钢和耐热钢　牌号及化学成分》对牌号 06Cr19Ni10 的要求。

表 1　波纹连接管化学成分　　　　单位：%（质量分数）

项目	C	Si	Mn	P	S	Cr	Ni
标准值	≤ 0.08	≤ 1.00	≤ 2.00	≤ 0.045	≤ 0.030	18.00 ～ 20.00	8.00 ～ 11.00
实测值	0.05	0.46	1.17	0.030	0.002	18.38	8.02
判定	合格	合格	合格	合格	合格	合格	合格

（3）金相检测

从波纹连接管漏点处截取试样，试样经镶嵌、磨制、抛光后，在金相显微镜下观察，发现多条微裂纹，微裂纹由波纹连接管表面向内延伸，呈树枝状分布，如图 2 所示。试样经 10% 草酸水溶液电解腐蚀后，在金相显微镜下观察，基体显微组织

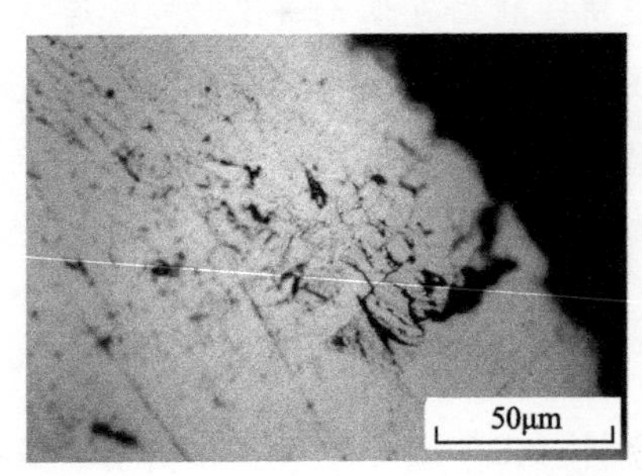

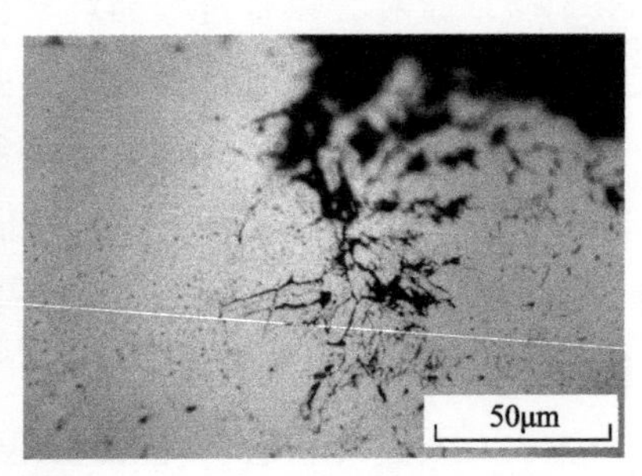

图 2　微裂纹

为单相奥氏体，如图3所示。焊缝显微组织如图4所示，焊缝组织为奥氏体和枝晶状铁素体，发现裂纹存在于焊缝处，沿晶界分布，部分焊缝组织晶界颜色较深且变宽。焊缝组织全貌如图5所示。焊缝腐蚀情况如图6所示。

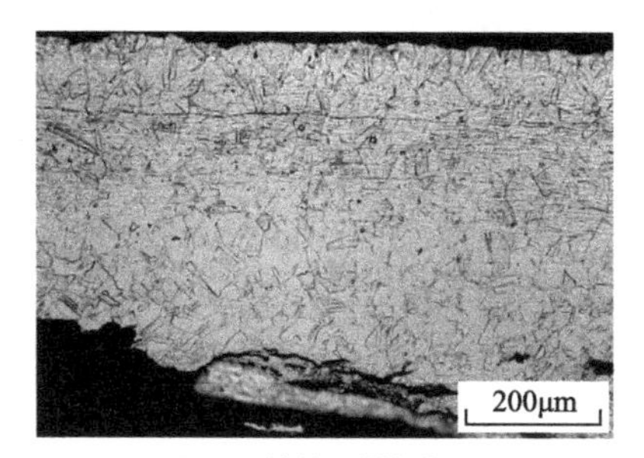

图3　基体显微组织

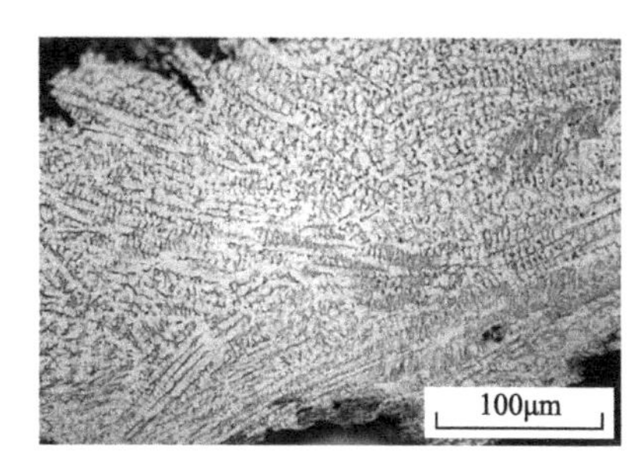

图4　焊缝显微组织

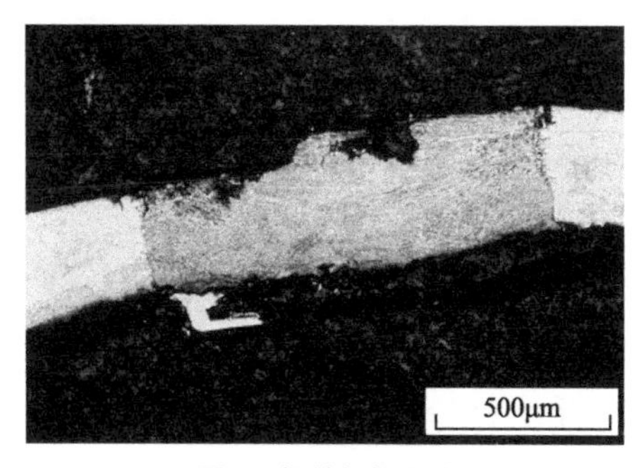

图5　焊缝组织全貌

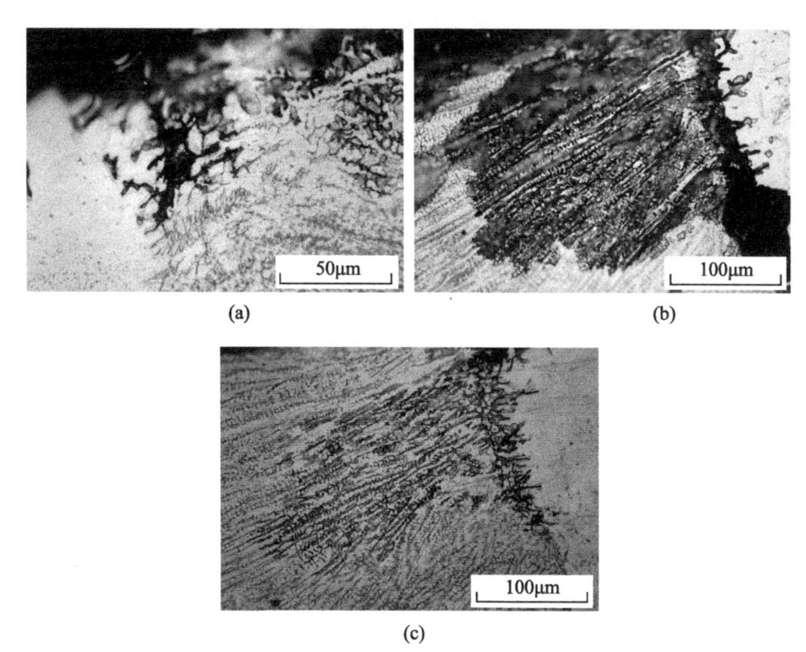

图6　焊缝腐蚀情况

（4）能谱分析

对波纹连接管泄漏点周围腐蚀产物进能谱分析，结果见表2。由结果可知，泄漏点周围腐蚀产物含有Cl、S等腐蚀性元素。

表 2　泄漏点周围腐蚀产物能谱分析结果　　单位：%（质量分数）

项目	位置 1	位置 2	位置 3
O	18.57	30.81	29.73
Na	2.29	2.17	2.28
Mg	—	1.71	—
Ni	5.34	5.26	4.72
S	1.95	2.08	1.56
Cl	1.49	1.41	0.88
Si	0.61	0.81	2.28
Ca	1.25	1.68	5.20
Fe	54.36	40.61	41.31
Cr	14.14	13.46	12.04

2. 分析与讨论

① 化学成分检测结果显示，送检波纹连接管化学成分符合标准 GB/T 20878《不锈钢和耐热钢　牌号及化学成分》对牌号 06Cr19Ni10 的要求。但 Ni 元素含量接近标准要求的下限值。Ni 是 06Cr19Ni10 等奥氏体型不锈钢主要的奥氏体化元素，使钢在室温时具有单相奥氏体组织。薄壁波纹管的焊接是一个非平衡的冶金过程，在焊接热源的作用下，波纹管金属母材快速熔化，形成熔池；在焊接热源移开之后，熔池金属又快速冷却并凝固。因熔池存在时间非常短，合金元素来不及扩散均匀，在液态金属结晶过程中极易出现成分过冷而导致凝固金属出现成分偏析，导致局部微小区域 Ni 元素含量低于标准值。这些微区的 Ni 元素含量偏低，导致该区域组织不再是单一的奥氏体组织而出现铁素体，降低耐蚀性，加速腐蚀的进一步扩展。

② 能谱分析结果显示，泄漏点周围腐蚀产物含有 Cl、S 等腐蚀性离子。对不锈钢产品，在表面有缺陷或夹杂的地方或钝化薄弱点，氯离子的存在易引起点蚀和应力腐蚀。不锈钢表面的惰性膜如果被渗透了，则膜下面的金属就变成活性的，而一个夹杂物质点在腐蚀介质中就可能成为渗透的位置，从而成为点蚀的开始[1]。很多奥氏体不锈钢对应力腐蚀具有固有的敏化倾向，特别是在含氯的环境中（如海水中）。

③ 由金相检测结果可知，波纹连接管焊缝处存在呈树枝状分布的微裂纹，结合能谱检测结果，即泄漏点周围腐蚀产物含有 Cl、S 等腐蚀性离子，说明波纹连接管在使用过程中，在焊接残余应力以及工作应力等的作用下发生应力腐蚀。正确选择钢种是防止应力腐蚀裂纹的最好方法。选用更高的 Ni 含量或者选用更低的 Ni 含量都可以避免应力腐蚀，前一种情况通常是选用超级奥氏体不锈钢或选用 Ni 基合金，而在更低 Ni 情况，经常选用铁素体钢或双相不锈钢。焊接后由于改变了微观

组织并产生残余应力，因而在本来有抗应力腐蚀能力的钢中可能引起应力腐蚀。而焊接时产生的敏化可能在奥氏体和铁素体类不锈钢中促成晶间应力腐蚀裂纹。由于焊接设计或焊接工艺条件不当，使焊件产生高的残余应力或者产生应力集中都会促成应力腐蚀裂纹[1]。

④ 金相检测结果显示，焊缝显微组织中含有较多的铁素体。铁素体和奥氏体电极电位不同，铁素体相的电极电位较负，成为阳极而被腐蚀，奥氏体相的电极电位较正，成为阴极而不被腐蚀从而发生原电池反应[2]。焊缝金属中较多含量的铁素体增加原电池反应数量，加大焊缝的电化学腐蚀倾向。

3.结论

焊接工艺参数控制不当，以及氯离子的存在，导致不锈钢波纹连接管发生点蚀和晶间应力腐蚀。

参考文献

[1] Lippold J C，Kotecki D J. 陈剑虹译．不锈钢焊接冶金学及其焊接性［M］．北京：机械工业出版社，2016:190.

[2] 史美堂．金属材料及热处理［M］．上海：上海科学技术出版社，1984.

案例14　疲劳断裂

某公司氮氢气压缩机一级连杆螺栓断裂

案例分析

【背景】

某公司氮氢气压缩机一级连杆螺栓断裂。6M50-305/320氮氢气压缩机一级连杆螺栓突然断裂，该螺栓仅工作十几小时。

【知识点】

本案例涉及螺栓材料的热处理工艺和加工工艺、螺纹及相关知识、表面强化技术及相关知识、非金属夹杂物、铁素体、塑性变形相结构、断口分析、金属材料的结构、断裂类型以及影响因素、应力的集中、裂纹的性质、裂纹的产生和扩展、螺栓使用的实际环境（温度、应力和腐蚀介质环境情况）、金相制样和组织观察、减小裂纹扩展的措施、裂纹的扩展原理及影响因素、螺栓所承受的外在条件对裂纹扩展的影响等。

【重难点】

本案例涉及的重难点知识是2号螺杆未进行相应的表面处理；如何调整热处理工艺、加工工艺和改善使用环境，提高螺栓的实用性。

【关键问题】

本案例需要解决的关键问题是螺栓发生疲劳断裂，如何采取科学合理的热处理工艺和加工工艺，改善材料的组织结构。

【方法】

首先对螺栓发生开裂处进行多次清洗，吹干，详细地观察是否出现裂纹、裂纹的扩展方向、裂纹的形态，在其发生断裂部位的横向和纵向上分别截取试样，以备后续的观察使用；利用金相显微镜对经镶嵌、磨制、抛光、腐蚀后的试样进行组织观察，了解裂纹的微观形态和材料的组织结构；用干燥器皿将试样存放起来，保持周围环境的干燥，以便后续继续使用。

【结果】

本案例采用宏观检验、金相检验分析等方法分析了螺栓发生断裂的原因。结果表明，2号螺杆未进行相应的表面处理，螺杆综合机械性能降低；2号螺杆装配不当或加工缺陷，这是造成该螺杆疲劳断裂的主要原因；2号螺杆断裂，造成1号螺杆受力严重不均衡，导致该螺杆塑性变形后断裂。具体的实验结果如下。

1.检验

（1）宏观检验

断裂的2根氮氢气压缩机一级连杆螺栓如图1所示，将其分别标注为1号螺栓和2号螺栓。图2为1号螺栓断口形貌，由图可知断裂发生在非螺纹的螺杆处，断口呈灰色无光泽的纤维状，断口周围有明显塑性变形，局部出现颈缩现象，具有典型的拉伸断口特征。

图3为2号螺栓断口形貌，由图可知断裂发生在螺纹与螺杆过渡区，断口齐平，断裂面与螺栓轴向垂直。箭头所示光滑区域为裂纹源，平坦区为扩展区，占整个断口面积的较大部分区域，较粗糙区为最后瞬断区。断口属低应力高周疲劳断口。由于工作过程中无应力突变现象，因而在疲劳区无贝纹线特征，仅有平坦、光滑特征。

图1　断裂螺栓

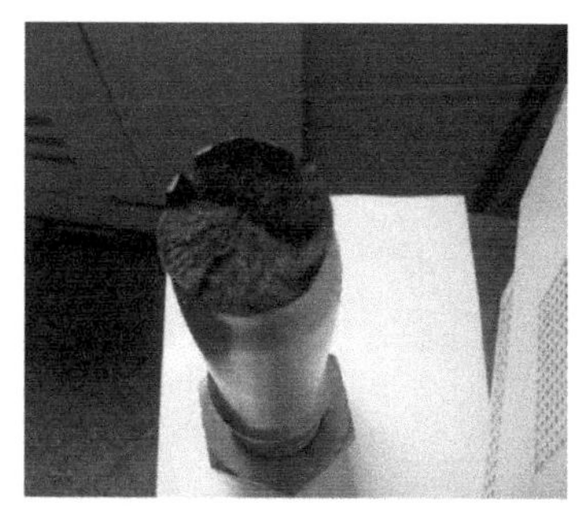
图2　1号螺栓断口形貌

图3　2号螺栓断口形貌

（2）金相检验

在1号及2号螺栓断裂处取样，试样经磨制、抛光后，在金相显微镜下观察。发现2号螺栓中存在大量非金属夹杂，如图4所示。用3%硝酸酒精溶液腐蚀后观察，1号螺栓显微组织为铁素体＋珠光体，组织有明显变形现象，如图5所示。2号螺栓螺杆及牙顶显微组织均为铁素体＋珠光体，如图6、图7所示。

2.分析与讨论

① 由断口宏观检验结果可知，2号螺栓为疲劳断裂，1号螺栓为塑性断裂。由此可以判断2号螺栓为首断件。

② 金相检验结果说明，2号螺栓显微组织中存在大量非金属夹杂物。非金属夹

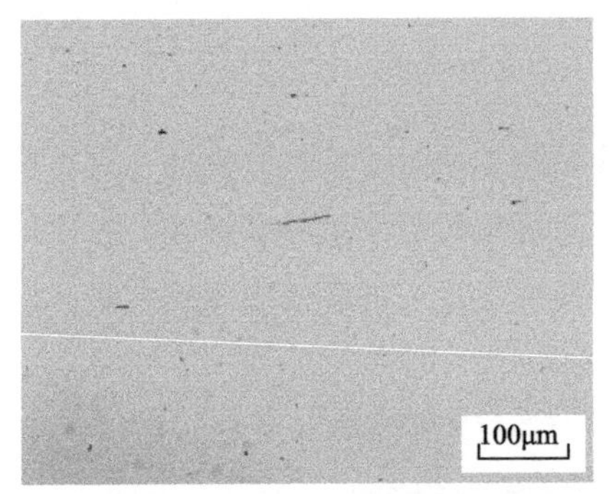

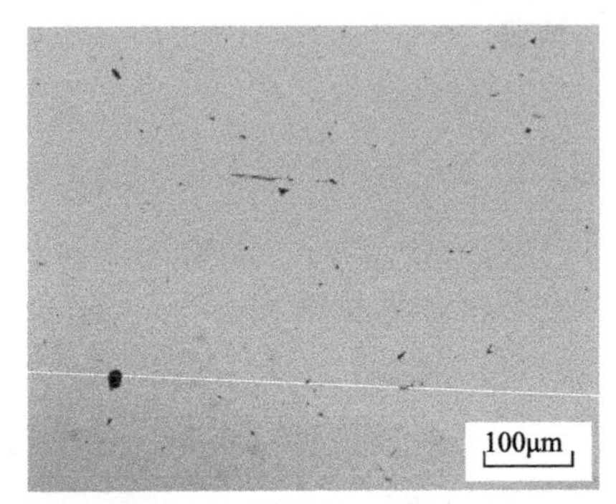

图4　2号螺栓非金属夹杂物（100×）

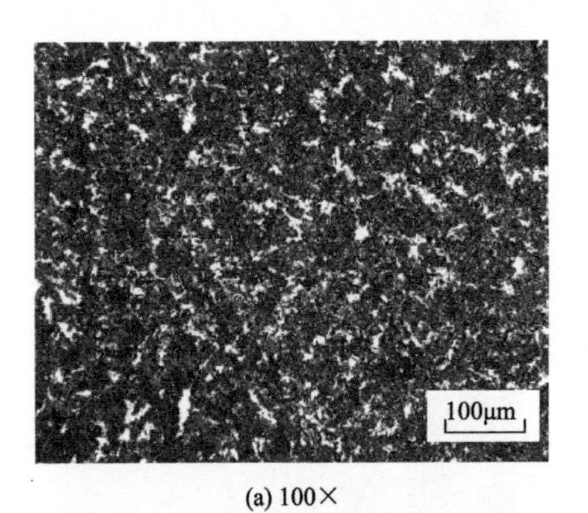

(a) 100×

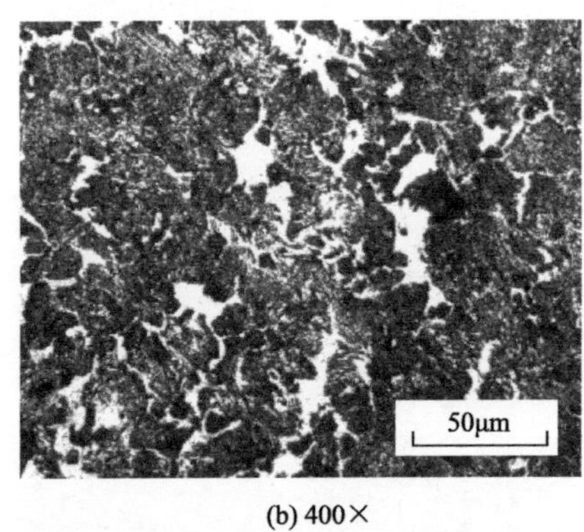

(b) 400×

图5　1号螺栓显微组织

(a) 100×

(b) 400×

图6　2号螺栓显微组织

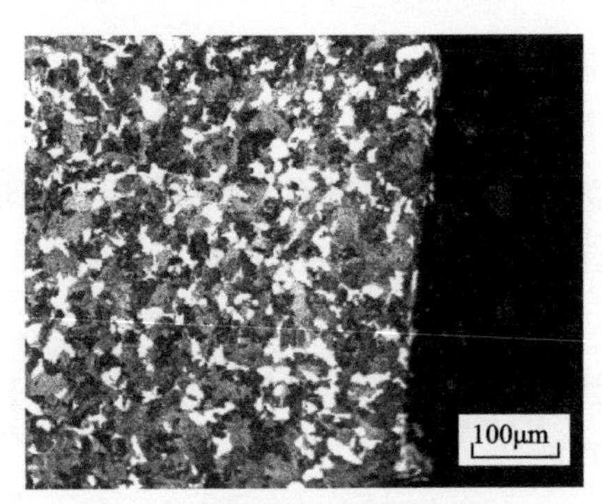

图7　2号螺栓螺纹牙顶处显微组织

杂物，破坏了钢基体的连续性并导致应力集中，从而降低了钢材的塑性、韧性和抗疲劳性能，易使钢材发生裂纹或脆断[1]。

由金相检验结果可知，两根螺栓显微组织均为铁素体+珠光体，表明该螺栓加工螺纹后没有进行相应的热处理。高强度紧固件一般都要进行调质处理，从而提高紧固件的综合机械性能，以满足产品规定的抗拉强度值和屈强比。

③ 该氮氢压缩机处于复杂的应力状态，表现在：运行过程中，连杆处螺栓承受交变拉应力及水平剪应力等高循环冲击，螺栓拧得过紧而承受过大的预紧力，或拧得过松存在间隙产生较大的轴向位移而承受不均匀载荷；2 号螺栓未进行相应的表面处理，降低材料综合机械性能，在复杂应力作用下，在螺杆表面存在非金属夹杂物处或原始加工裂纹处形成微裂纹并扩展，扩展的结果形成如图 3 所示的疲劳平坦台阶，最后造成该螺栓疲劳断裂。2 号螺杆疲劳损坏发生断裂后，1 号螺杆承受不均匀载荷，造成螺杆拉伸变形，产生颈缩，最后断裂。

3.结论

① 2 号螺杆未进行相应的表面处理，螺杆综合机械性能降低；2 号螺杆装配不当或加工缺陷，这是造成该螺杆疲劳断裂的主要原因。

② 2 号螺杆断裂，造成 1 号螺杆受力严重不均衡，导致该螺杆塑性变形后断裂。

参考文献

［1］李炯辉，林德成．金属材料金相图谱：上册［M］．北京：机械工业出版社，2006: 597.

案例15 变质处理

某公司油罐车放油阀断裂分析

案例分析

【背景】

某公司油罐车放油阀断裂分析。某重型罐式半挂车在高速路上行驶过程中，右后出油阀体破损，造成事故。油罐车放油阀长期受到复杂环境（温度、应力和腐蚀介质环境）的影响。

【知识点】

本案例涉及油罐车放油阀材料的热处理工艺、受力分析、共晶硅和铁相化合物、晶粒及其长大机理、变质处理、显微疏松、相结构、断口分析、组织缺陷、金属材料的结构、断裂类型以及影响因素、液体的凝固理论、应力的集中、裂纹的性质、裂纹的产生和扩展、放油阀使用的实际环境（温度、应力和腐蚀介质环境情况）、金相制样和组织观察、减小裂纹扩展的措施、裂纹的扩展原理及影响因素、放油阀所承受的外在条件对裂纹扩展的影响等。

【重难点】

本案例涉及的重难点知识是油罐车放油阀阀体未进行变质处理及材料内部存在大量脆性铁相化合物，最后致使材料发生失效；如何调整热处理工艺和改善使用环境，提高油罐车放油阀的实用性。

【关键问题】

本案例需要解决的关键问题是油罐车放油阀显微组织中产生大量脆性铁相化合物的工艺参数，如何采取科学合理的热处理工艺，改善材料的组织结构。

【方法】

首先对油罐车放油阀发生开裂处进行多次清洗，吹干，详细地观察是否出现裂纹、裂纹的扩展方向、裂纹的形态，在其发生开裂部位的横向和纵向上分别截取试样，以备后续的观察使用；利用直读光谱仪对放油阀化学成分进行检测；利用金相显微镜对经镶嵌、磨制、抛光、腐蚀后的试样进行组织观察，了解裂纹的微观形态和材料的组织结构；用干燥器皿将试样存放起来，保持周围环境的干燥，以便后续继续使用。

【结果】

采用宏观检验、金相检验分析等方法分析油罐车放油阀发生断裂的原因。结果表明，放油阀阀体未经变质处理致使组织中存在长条状共晶硅，且材料内部存在大量铁相化合物，长条状共晶硅及铁相化合物均为脆性相，严重割裂基体，使材料的机械性能降低，二者共同作用造成放油阀阀体在使用过程中发生断裂。具体的实验结果如下。

1. 检验

（1）宏观检验

图 1 为放油阀阀体断裂的实物形貌。由图可知，断口粗糙。

（2）化学成分检测

从放油阀阀体断口截取试样进行化学成分检测，结果见表 1。阀体的成分不符合标准 GB/T 1173《铸造铝合金》对 ZL109 的要求。

表 1　放油阀阀体化学成分检测结果　　单位：%（质量分数）

项目	Si	Cu	Mg	Fe	Zn	Mn	Ti
标准值	11.0 ～ 13.0	0.5 ～ 1.5	0.8 ～ 1.3	≤ 0.7	≤ 0.2	≤ 0.2	≤ 0.20
实测值	11.62	0.67	0.82	0.91	0.11	0.18	0.03

（3）金相检验

在放油阀阀体断口从横纵两个方向上分别截取试样，试样经磨制、抛光后，在金相显微镜下观察。发现粗大针片状共晶硅、块状初晶硅和大量浅灰色块状铁相，如图 2 所示。经 0.5% 氢氟酸水溶液浸蚀后观察。显微组织为基体 α（Al）+ 共晶硅 + 铁相化合物，显微组织中存在的大量铁相化合物呈长针状、鱼骨状和块状分布，在块状铁相上发现微裂纹；另外，组织中大量黑色块状为显微疏松，如图 3 所示。

图 1　放油阀断裂情况

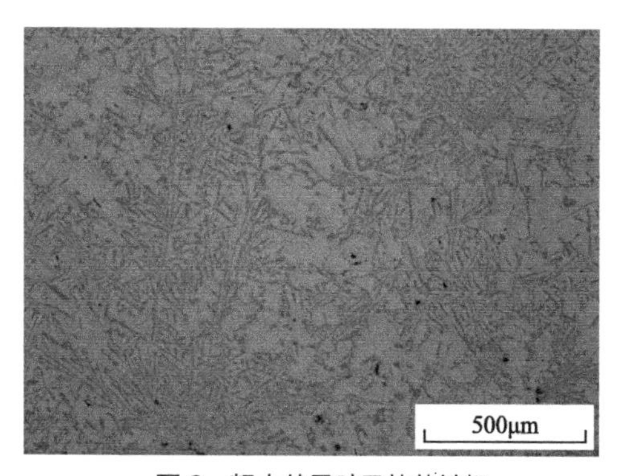

图 2　粗大共晶硅及块状铁相

2. 分析与讨论

化学成分检验结果说明断裂放油阀阀体的成分不符合标准 GB/T 1173《铸造铝合金》对 ZL109 的要求。Fe 含量略高于标准要求，Fe 在铝合金中是有害元素，是降低 Al-Si 系合金力学性能的主要元素。随着铁含量的增加，使零件局部热节处出现较多的粗大针状 Fe 相，显著降低力学性能 [1]。

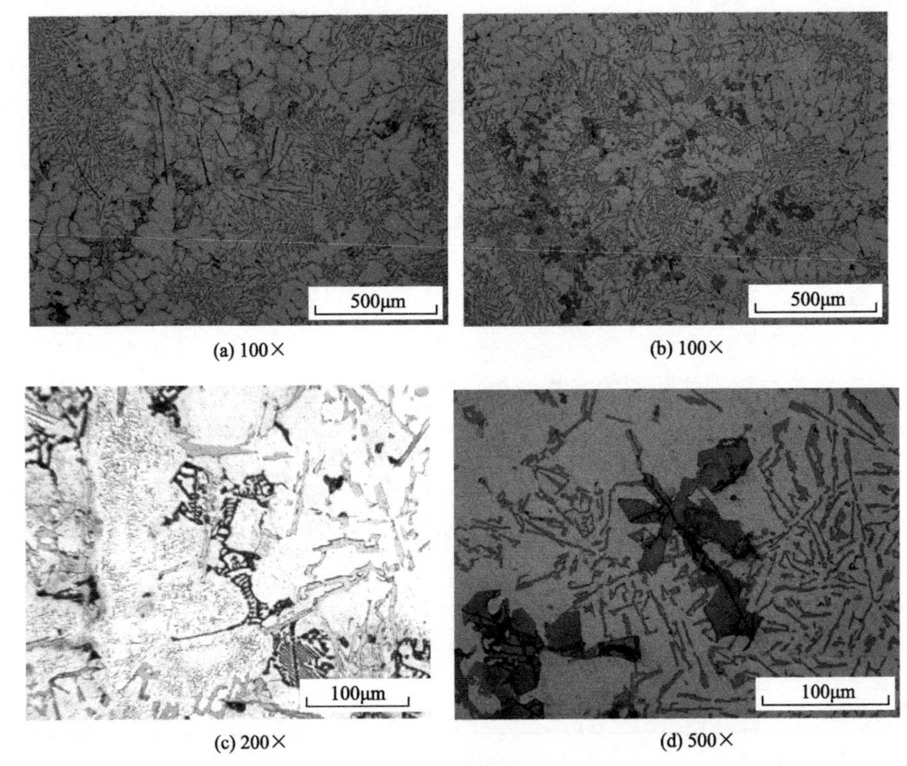

(a) 100×　(b) 100×

(c) 200×　(d) 500×

图 3　显微组织

金相检验结果说明共晶硅呈粗大针片状分布在 α 固溶体枝晶间，分布不均匀，局部地区较集中，此为未经变质处理的典型组织。铸造铝合金的力学性能，特别是塑性在很大程度上决定于共晶硅的分布形态和细化程度。粗大针片状共晶硅严重地割裂基体的连续性，易引起应力集中，从而降低合金的力学性能，尤其是塑性的降低更为显著。共晶体中部分硅晶体呈细针状和针状，根据标准 JB/T 7946.1《铸造铝硅合金变质》是不允许存在的组织。由于粗大片状共晶硅脆性大，强度低，又不能用热处理方法来强化合金，它只能通过变质处理来改变共晶硅和 α 固溶体的组织分布形态，来提高合金的力学性能。对于共晶成分的 Al-Si 合金来说，经变质处理后可获得亚共晶分布的组织，硅晶体变成颗粒状分布，从而可提高合金的强度 50%，伸长率可提高 5 倍左右 [1]。合金在铸态下由于成分不均匀和凝固冷却缓慢导致局部出现块状初晶硅。

金相检验结果还发现断裂放油阀阀体组织中存在大量长针状脆性铁相、鱼骨状铁相和块状铁相，长针状铁相严重割裂基体的连续性，是导致抗拉强度和伸长率大大下降的根本原因。长针状、鱼骨状或块状铁相使铸件的晶粒粗大，从而增加铸件的脆性。另外，还发现在块状铁相上存在微裂纹，这是因为铁相是脆性相，受力的作用容易开裂，成为裂纹源。向合金中加入适量 Mn 元素，可以改善高硬度针状铁相的形态，降低针状铁相的脆性作用，从而改善合金的力学性能。

显微疏松属于铝液在结晶过程中形成的缺陷组织，合金凝固范围大，合金枝晶发达，易形成分散性疏松。若工艺和结构不合理，如设置浇注系统位置不合理，使零件拐角部位得不到良好的补缩，或金属液体在凝固冷却过程中收缩受到阻碍，导致局部性疏松的出现，使合金的强度和塑性大大降低；或模具设计不合理，导致使零件拐角处受到较大的张应力[1,2]。

综合以上分析，一方面大量脆性铁相受力的作用产生开裂，形成微裂纹，另一方面粗大长条状共晶硅和块状初晶硅尖角处造成局部应力集中，内应力容易在晶界处释放，形成微裂纹，再者显微疏松处也易形成微裂纹。上述三种情况均可成为裂纹源并在力的作用下发生扩展，到达一定程度时与相邻的脆性相裂纹交汇在一起，沿应力集中及显微疏松处延伸，成为裂纹通道，进一步加速裂纹扩展，最终导致放油阀阀体断裂。

3.结论

放油阀阀体未经变质处理致使组织中存在长条状共晶硅，且材料内部存在大量铁相化合物，长条状共晶硅及铁相化合物均为脆性相，严重割裂基体，使材料的机械性能降低，二者共同作用造成放油阀阀体在使用过程中发生断裂。

参考文献

［1］李炯辉，林德成．金属材料金相图谱：上册［M］．北京：机械工业出版社，2006: 1633.
［2］史美堂．金属材料及热处理［M］．上海：上海科学技术出版社，1984.

案例16 铅相

某公司供暖用螺纹连接球阀发生断裂

案例分析

【背景】

某公司购进的供暖用螺纹连接球阀在试水过程中的2～3天时间内多次发生断裂，造成泄漏。该螺纹连接球阀型号为DN32，材料为铅黄铜，牌号为HPb59-3。

【知识点】

本案例涉及供暖用螺纹连接球阀材料的热处理工艺、加工工艺、受力分析、富铁相、铅相和铁相化合物、晶粒及其长大机理、相结构、断口分析、组织缺陷、金属材料的结构、断裂类型以及影响因素、液体的凝固理论、应力的集中、裂纹的性质、裂纹的产生和扩展、球阀使用的实际环境（温度、应力和腐蚀介质环境情况）、金相制样和组织观察、减小裂纹扩展的措施、裂纹的扩展原理及影响因素、球阀所承受的外在条件对裂纹扩展的影响等。

【重难点】

本案例涉及的重难点知识是供暖用螺纹连接球阀进行处理后，材料内部存在大量富铁相和铅相等脆性铁相化合物，最后致使材料发生失效；如何调整热处理工艺、加工工艺和改善使用环境，提高球阀的实用性。

【关键问题】

本案例需要解决的关键问题是供暖用螺纹连接球阀显微组织中产生大量富铁相和铅相等脆性铁相化合物的工艺参数，如何采取科学合理的热处理工艺和加工工艺，改善材料的组织结构。

【方法】

首先对螺纹连接球阀发生断裂处进行多次清洗，吹干，详细地观察是否出现裂纹、裂纹的扩展方向、裂纹的形态，在其发生断裂部位的横向和纵向上分别截取试样，以备后续的观察使用；利用直读光谱仪对螺纹连接球阀化学成分进行检测，利用能谱仪对不规则形状相进行能谱分析；依据标准对螺纹连接球阀进行壳体试验；利用金相显微镜对经镶嵌、磨制、抛光、腐蚀后的试样进行组织观察，了解裂纹的微观形态和材料的组织结构；用干燥器皿将试样存放起来，保持周围环境的干燥，以便后续继续使用。

【结果】

通过壁厚测量、化学成分分析、金相检验、扫描电镜及能谱分析、壳体试验等手段对螺纹连接球阀断裂的原因进行分析。结果表明，阀体最小壁厚明显低于标准要求、显微组织中铅相呈网状分布且存在脆性铁相造成螺纹连接球阀短时间内的脆性断裂。

1.检验

（1）宏观检查

图1为螺纹连接球阀断裂的宏观形貌。可见，断裂发生在阀体，沿圆周方向开裂，断口周围无明显塑性变形，断口较为陈旧、齐平。

图1 球阀断裂的宏观形貌

（2）最小壁厚测量

阀体的最小壁厚测量结果见表1。由表1可知，阀体的最小壁厚低于标准值，不符合标准GB/T 8464《铁制和铜制螺纹连接阀门》的要求。

表1 阀体的最小壁厚 单位：mm

样品编号	DN32-1#	DN32-2#	DN32-3#	DN32-4#
标准值	≥1.9	≥1.9	≥1.9	≥1.9
实测值	1.5	1.2	1.4	1.5

（3）化学成分分析

化学成分分析结果见表2。由表2可知，断裂球阀中Fe含量、杂质元素含量均略高标准GB/T 5231《加工铜及铜合金化学成分和产品形状》对HPb59-3的要求。

表2 断裂阀体的化学成分 单位：%（质量分数）

项目	Cu	Fe	Pb	Ni	杂质总和
标准值	57.5～59.5	≤0.50	2.0～3.0	≤0.5	≤1.2
实测值	58.2	0.63	2.5	0.4	1.4

（4）金相检验

断裂球阀的抛光态形貌如图2所示。可见灰色点状和小条状相以及深灰色不规则形状相。灰色点状和小条状相为铅粒，铅粒呈聚集状和沿晶界呈网状分布。

HPb59-3 的微观组织如图 3 所示。可见，断裂球阀的组织为 $\alpha+\beta$+Pb 相 + 不规则形状相。显微组织不均匀，部分晶粒有长大现象，且大晶粒沿圆周方向分布。

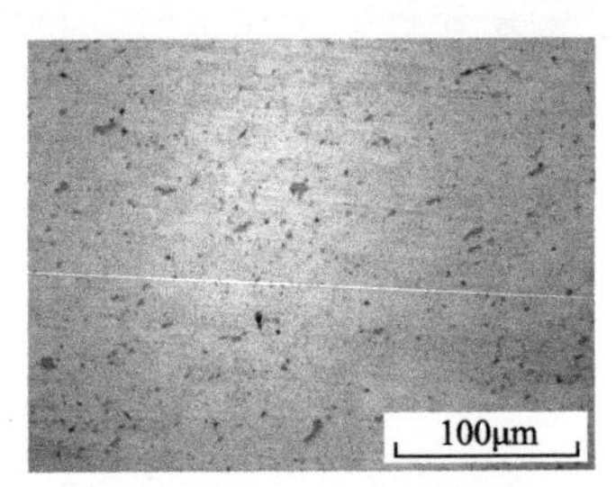

图 2　铅相形貌光学显微镜图

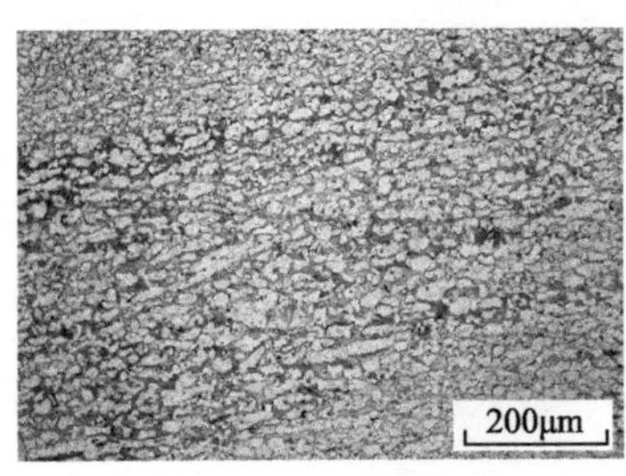

(a) 200×

(b) 500×

图 3　球阀显微组织

（5）能谱分析

对不规则形状相进行能谱检测，结果见表 3。可见，主要包含 Fe、Si 和 Cr 3 种元素，铁元素质量分数分别高达 88.06%、88.30% 和 88.19%，说明该相为富铁相。

表 3　不规则形状相能谱检测结果　　　单位：%（质量分数）

项目	Fe	Si	Cr
位置 1	88.06	10.91	1.03
位置 2	88.30	10.53	1.17
位置 3	88.19	10.69	1.12

2. 壳体试验

依据标准 GB/T 13927《工业阀门压力试验》对铜阀进行壳体试验。在 2.4MPa 的试验压力下，保压 15s，未发现结构损伤，没有可见渗漏通过阀门壳壁和任何固定的阀体连接处，没有明显可见的液滴或表面潮湿。

3. 结果讨论

由断口的宏观形貌可以判断，该断裂为脆性断裂。

阀体最小壁厚检测结果说明阀体最小壁厚不符合标准 GB/T 8464《铁制和铜制螺纹连接阀门》的要求。阀体最小壁厚明显低于标准要求，造成该处承载能力显著降低。

化学成分结果说明该球阀材料不符合标准 GB/T 5231《加工铜及铜合金化学成分和产品形状》中 HPb59-3 的要求，Fe 含量和杂质元素含量均略高标准要求。铁在黄铜中的溶解度极低，超过固溶度的铁以富铁相颗粒存在，其熔点高，既能细化铸锭组织又能抑制再结晶时的晶粒长大，从而提高黄铜的力学性能与工艺性能[5]。但铁含量过高时，富铁相的增加，可引起铁相的偏析降低合金性能[6]。原料选取不当或熔炼工艺不当都是造成杂质元素含量偏高的原因。杂质含量偏高使得铸锭在凝固过程中有产生热裂纹的倾向，应限制其含量（田荣璋，《铜合金及其加工手册》）。

金相检验结果表明球阀显微组织中部分铅相沿晶界呈网状分布，降低了合金晶界的结合能力，导致球阀受力后易沿晶界产生开裂。铅在黄铜中以独立的游离铅存在，其分布情况对黄铜的性能影响很大，为此在熔炼时须加强搅拌，以得到分散、均匀、细小的铅颗粒分布（李炯辉，《金属材料金相图谱》）。另外，阀体存在显微组织不均匀现象，部分晶粒长大。晶粒大小不均匀是锻造过程中受热不均匀造成，这会在铜阀内部产生组织应力。

结合金相检验和能谱检测结果，确定该球阀显微组织中存在的不规则形状相为富铁相。铁相硬而脆，割裂基体组织，使性能恶化，受力的作用易在此处产生微裂纹。黄铜中同时存在 Fe、Si 时，会出现维氏硬度高的硅化铁粒子，使可切削性能变坏[5]。

壳体试验结果说明球阀能承受 2.4MPa 的水压试验压力。球阀安装过程中若受力过大、未使用标准力矩力臂、或两端安装管存在不同心等不当操作，也可能造成其断裂。

4. 结论

① 球阀阀体最小壁厚明显低于标准要求，致使其承载能力显著下降，在力的作用下，在铅相成网状分布的晶界、脆性铁相等组织缺陷处产生微裂纹，并迅速发生扩展，造成球阀短时间内发生脆性断裂。

② 球阀安装过程中不当操作也是造成其断裂的原因之一。

参考文献

[1] 张鸣，伍超群，李扬．铅黄铜阀体开裂原因分析［J］．材料研究与应用，2009, 3(3): 200.

[2] 刘志学，党龙，程巨强．热处理对锻造铅黄铜组织和性能的影响［J］．西安工业大学学报，2013, 33(10): 832.

[3] 余龙，陆明，刘鹏，等．HPb59-1 黄铜阀体铸造工艺试验研究［J］．铸造技术，2009, 30(11): 1385.

[4] 张少伍，钱金明，王泾文，等．HPb59-1 铅黄铜阀体冲压缺陷分析与检测［J］．铜加工，2017(1): 59.

[5] 田荣璋，王祝堂．铜合金及其加工手册［M］．长沙：中南大学出版社，2002: 223, 498.

[6] 李炯辉，林德成．金属材料金相图谱：下册［M］．北京：机械工业出版社，2006: 1488.

案例17 晶间腐蚀

某学校教学楼护栏发生断裂

案例分析

【背景】

某学校教学楼护栏发生断裂。护栏材质为不锈钢。

【知识点】

本案例涉及教学楼护栏不锈钢的热处理工艺、加工工艺、焊接工艺、受力分析、断口分析、组织缺陷、熔合区及附近区域的组织结构、断裂类型以及影响因素、腐蚀机理、腐蚀的特点、腐蚀的类型、腐蚀的防护、教学楼护栏使用的实际环境（温度、应力和腐蚀介质环境情况）、金相制样和组织观察、减小腐蚀裂纹扩展的措施、腐蚀裂纹的扩展原理及影响因素、教学楼护栏所承受的外在条件对腐蚀裂纹扩展的影响等。

【重难点】

本案例涉及的重难点知识是教学楼护栏进行处理后，熔合区及附近区域的组织结构缺陷，最后致使材料发生腐蚀而失效；如何调整热处理工艺、焊接工艺和改善使用环境，提高教学楼护栏的实用性。

【关键问题】

本案例需要解决的关键问题是教学楼护栏进行处理后，熔合区及附近区域的组织结构缺陷的工艺参数；如何采取科学合理的热处理工艺、加工工艺、焊接工艺，改善材料的组织结构。

【方法】

首先对护栏发生断裂处进行多次清洗，吹干，详细地观察是否出现裂纹、裂纹的扩展方向、裂纹的形态，在其发生断裂部位的横向和纵向上分别截取试样，以备后续的观察使用；利用直读光谱仪对护栏化学成分进行检测；利用能谱仪对非金属夹杂物进行能谱分析；利用金相显微镜对经镶嵌、磨制、抛光、腐蚀后的试样进行组织观察，了解裂纹的微观形态和材料的组织结构；用干燥器皿将试样存放起来，保持周围环境的干燥，以便后续继续使用。

【结果】

通过宏观检验、化学成分检测、金相检验、扫描电镜及能谱分析等手段对护栏断裂的原因进行分析。结果表明，护栏母材显微组织中存在大量非金属夹杂物，且焊接工艺参数选用不当，在热影响区发生晶间腐蚀，是造成护栏受力后断裂的主要原因。

1.检验

（1）宏观检验

断裂护栏的整体形貌见图 1，对断裂位置分别编号 1 号、2 号、3 号、4 号。断裂处的宏观形貌见图 2 所示。由图可知，断裂发生在横管热影响区处。1 号、2 号、3 号断口处有二次焊接的迹象。焊缝表面粗糙，凹凸不平，未经过打磨处理。断裂处不锈钢管表面颜色发黑，焊接热输入过大，不锈钢管有烧穿趋势。

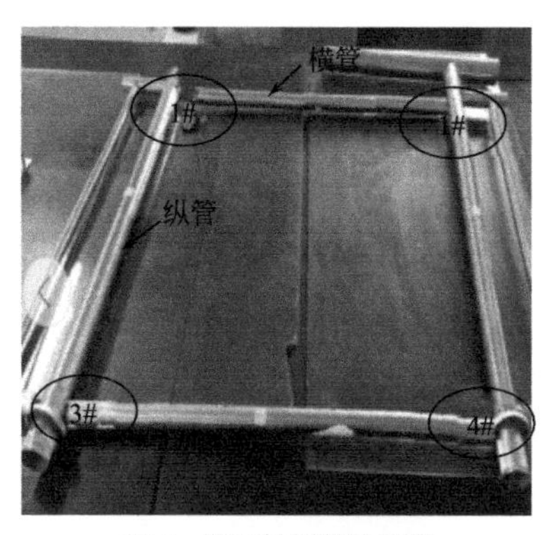

图 1　断裂护栏整体形貌

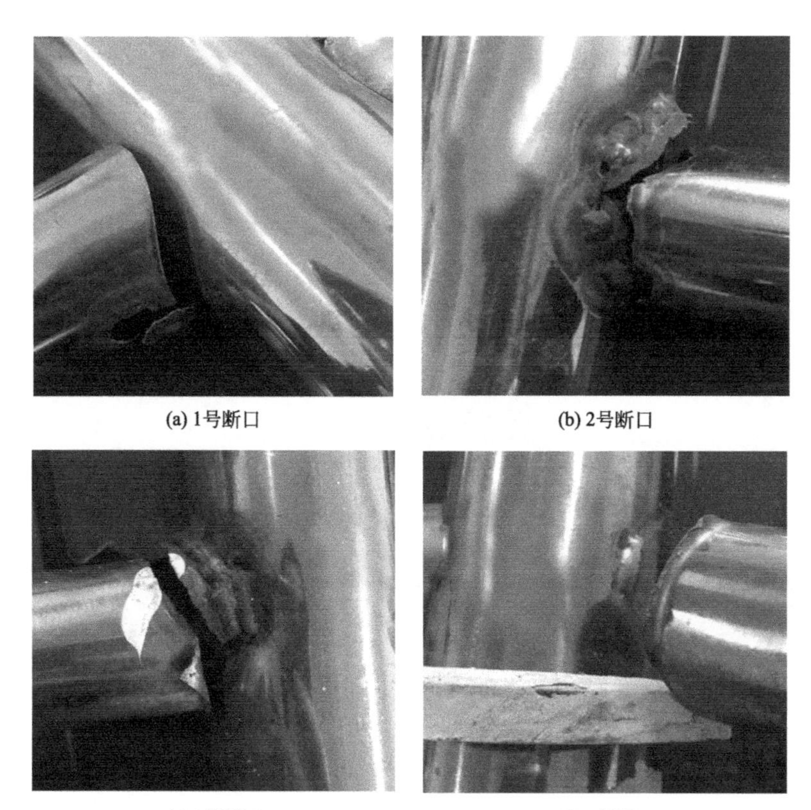
(a) 1号断口　(b) 2号断口

(c) 3号断口　(d) 4号断口

图 2　断裂处宏观形貌

（2）化学成分检测

在断裂护栏的横管和纵管上分别截取样品进行化学成分检测，结果见表 1、表 2。

因未提供样品的材质、牌号，故只提供数据，无法判定。

表 1　横管化学成分检测结果　　单位：%（质量分数）

项目	C	Si	Mn	P	S	Ni	Cr	Mo	Cu
实测值	0.277	0.258	12.58	0.0377	0.0163	0.721	12.78	0.320	0.837

表 2　纵管化学成分检测结果　　单位：%（质量分数）

项目	C	Si	Mn	P	S	Ni	Cr	Mo	Cu
实测值	0.121	0.322	11.88	0.0605	0.0431	0.677	12.39	0.317	0.719

（3）金相检验

在 1 号位置从横管及断口上分别截取试样进行金相分析，编号为 1 号 -1 试样和 1 号 -2 试样；在 2 号和 4 号位置从断口处截取试样进行金相分析，编号为 2 号试样、4 号试样。依据 GB/T 13298《金属显微组织检验方法》制备试样，试样经镶嵌、研磨和抛光后，用光学显微镜进行显微组织观察，发现横管、纵管中均存在着大量的非金属夹杂物，见图 3。焊缝中存在因夹杂物引起的微裂纹，见图 4。经 10% 草酸溶液电解后在金相显微镜下观察，母材的显微组织为奥氏体 + 铁素体，见图 5。焊缝及熔合线附近组织见图 6。2 号试样、4 号试样的熔合线附近观察到因夹杂物引起的微裂纹，见图 6。断口附近及热影响区的组织见图 7、图 8，可以看出晶界变黑，变粗，断口处晶粒脱落。

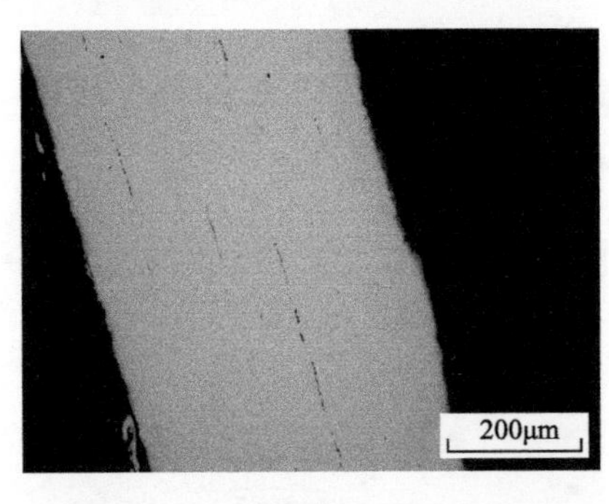

(a) 1号-1

(b) 1号-2

(c) 2号

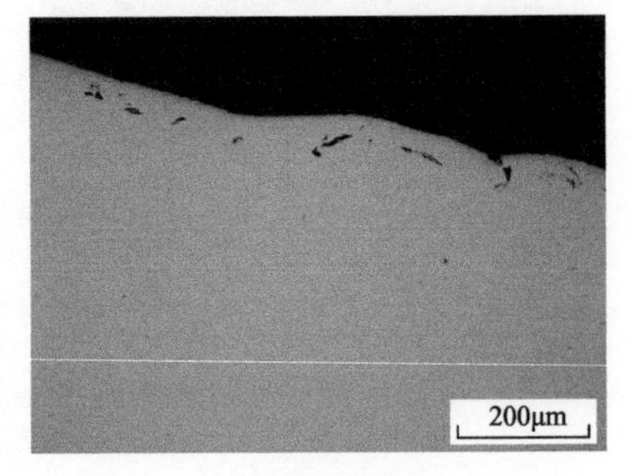

(d) 4号

图 3　夹杂物形貌

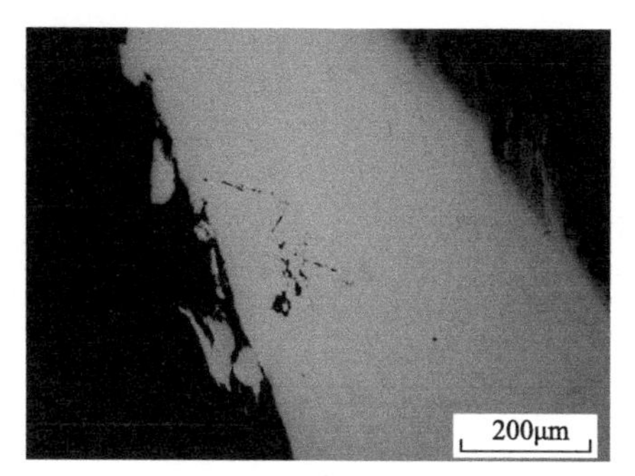

(a) 1号-1

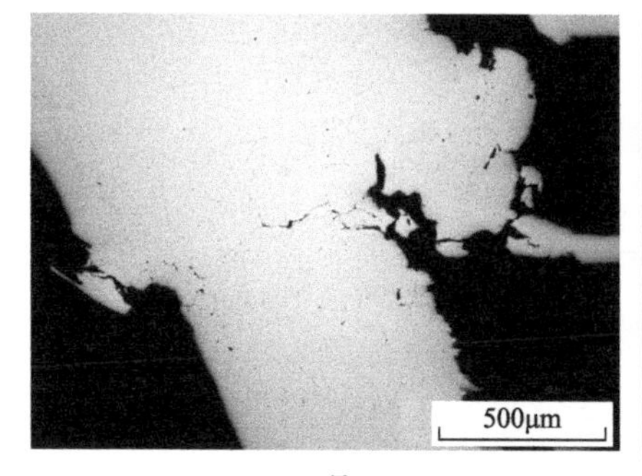

(b) 1号-2

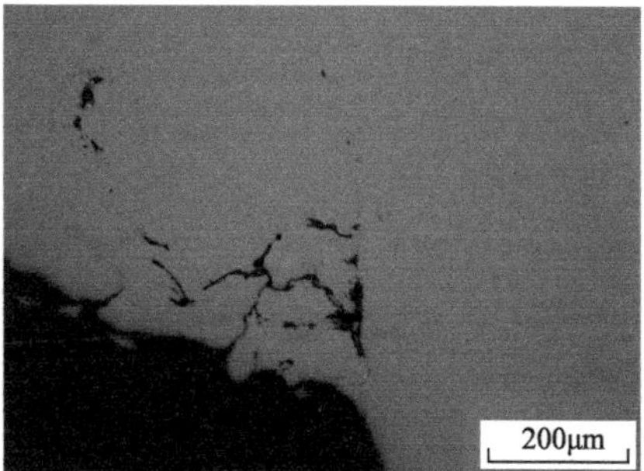

(c) 2号

图4　焊缝中微裂纹

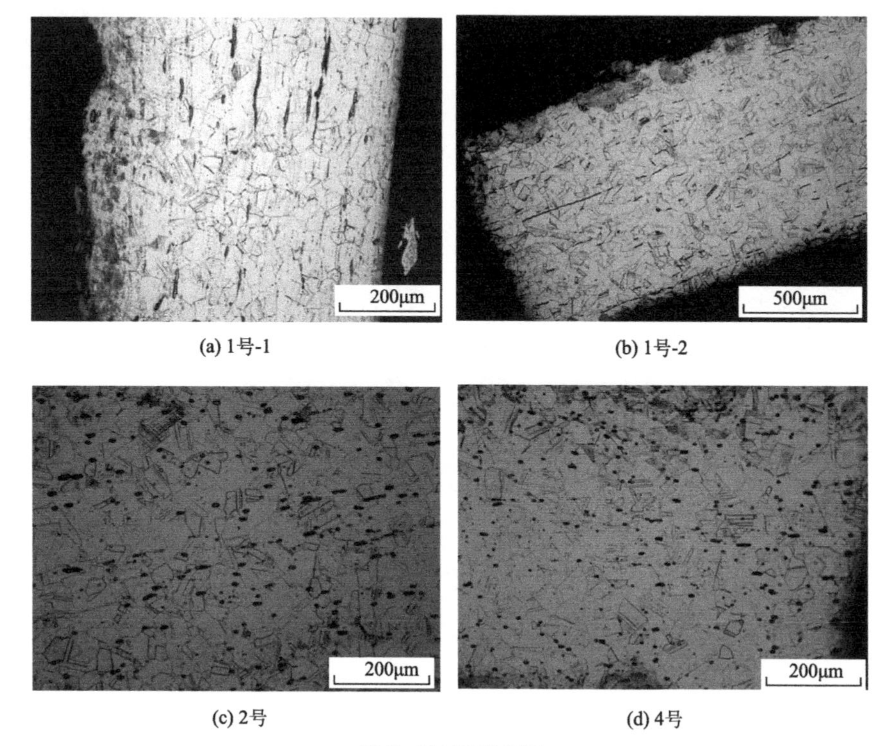

(a) 1号-1

(b) 1号-2

(c) 2号

(d) 4号

图5　母材显微组织

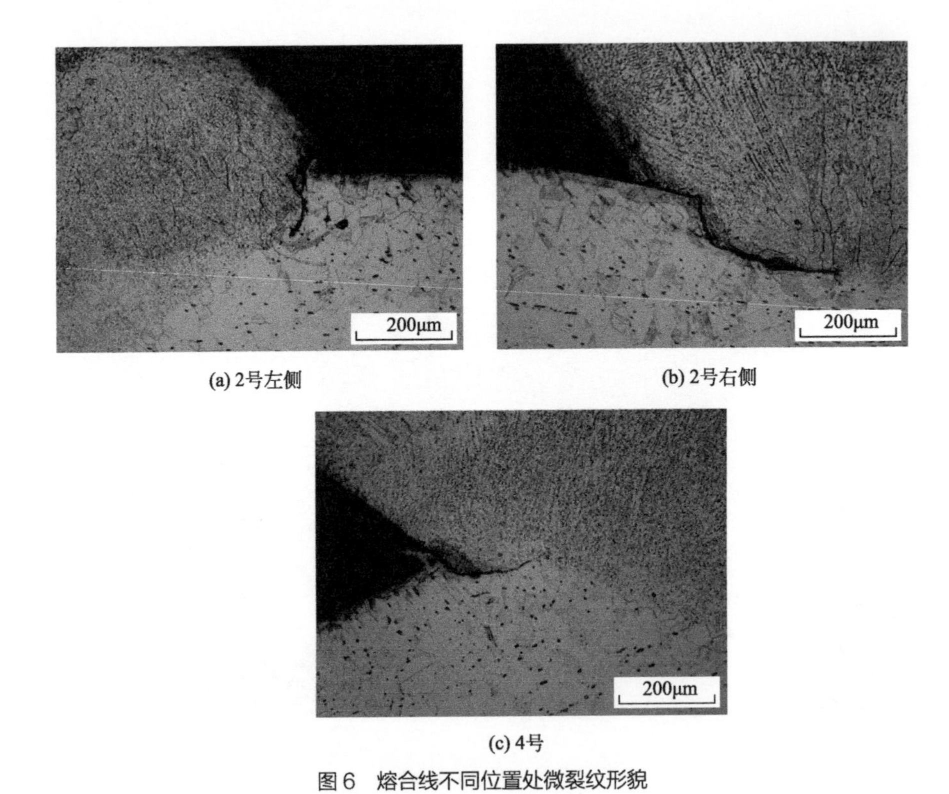

(a) 2号左侧　(b) 2号右侧

(c) 4号

图6　熔合线不同位置处微裂纹形貌

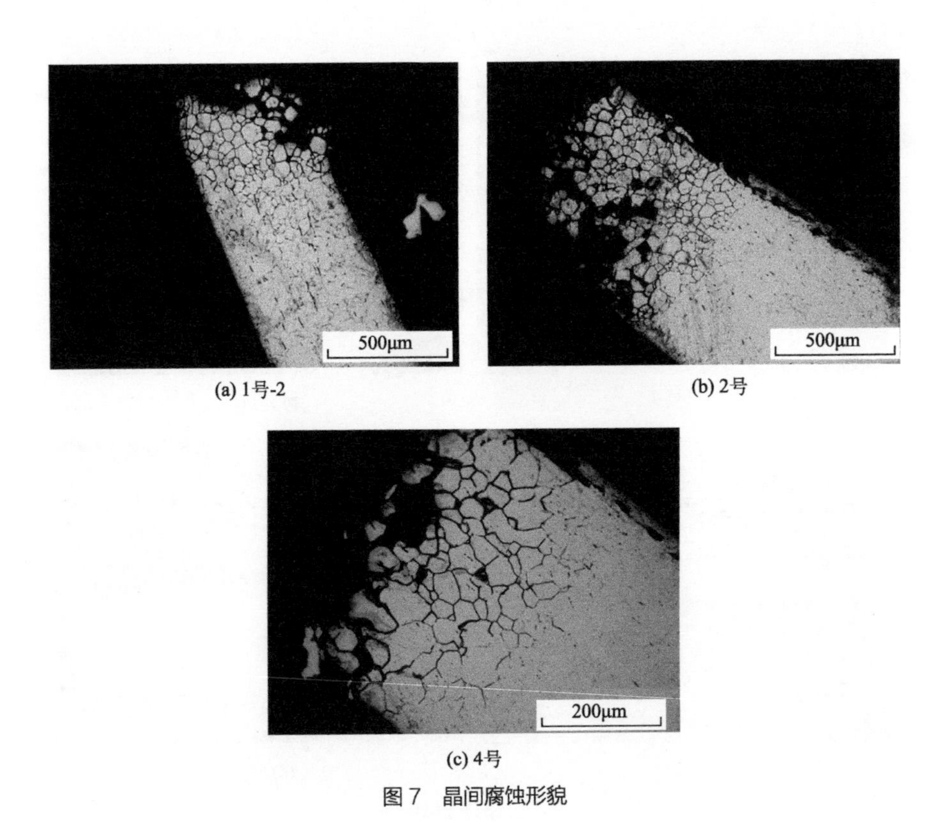

(a) 1号-2　(b) 2号

(c) 4号

图7　晶间腐蚀形貌

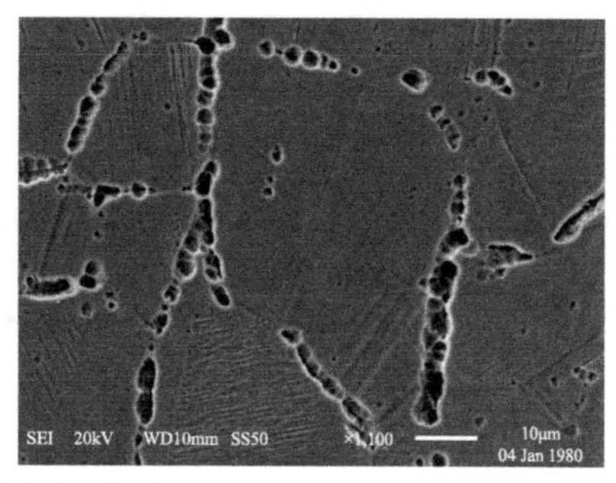

图 8　晶界形貌（SEM）

（4）能谱分析

对护栏中存在的夹杂物进行能谱检测。由结果可知，非金属夹杂物的类别包含了氧化物、硫化物、氧化铝及单颗粒球状夹杂物。

2. 分析与讨论

由断裂处的宏观形貌上可知护栏有二次焊接的迹象，焊缝表面粗糙、凹凸不平，未经过打磨处理；焊接热输入过大，使不锈钢管有烧穿趋势。结合金相图片可知，焊缝金属与母材间有部分未熔合的情况存在，降低了护栏焊接接头处的强度。

对护栏进行化学成分检测，结果表明该护栏材质不符合 GB/T 20878《不锈钢和耐热钢　牌号及化学成分》中对任一不锈钢牌号的要求。金相检查结果表明，护栏的显微组织为奥氏体 + 铁素体。

材料中含有大量非金属夹杂物，依据标准 GB/T 10561《钢中非金属夹杂物含量的测定 - 标准评级图显微检验法》对其评级，级别评定为 B 类细系＞ 2.5 级，DS 类＞ 3 级，DS 类高于标准规定的最高级别。非金属夹杂物的存在容易破坏金属基体的均匀连续性，造成局部应力集中，促进微裂纹的产生，并在一定条件下加速裂纹的扩展，从而造成材料的早期破坏 [1]。焊缝内及熔合线附近因夹杂物存在而引起的微裂纹，降低了焊接接头强度。

结合金相检查结果可知，断裂发生在热影响区。断口附近晶界变粗、变黑，部分晶粒脱落，符合晶间腐蚀特征。晶间腐蚀是由于富铬碳化物或氮化物在晶粒边界的局部析出。这些析出要求铬从附近的母相中进行短程扩散、而在析出相周围产生贫铬区。这就降低了组织的局部耐蚀性，促成晶粒边界区域的快速侵蚀。在某些环境中，这个效应就是在晶粒边界上腐蚀成深的凹槽。在极端情况下，由于整个晶界受到侵蚀和溶解，晶粒实际上会从组织中掉出来 [2]，在护栏断口部位观察到了部分晶粒脱落现象。护栏发生晶间腐蚀的原因主要是焊接时热输入过大，在热影响区中，富铬相沿晶粒边界析出，由此产生了沿晶界的贫铬区，降低了热影响区组织的局部耐腐蚀性，极易被侵蚀。富铬相脱落后，在晶界上形成凹槽，整个晶界受到侵蚀、溶解，并最终造成护栏从该区域处断裂。

3. 结论

护栏母材显微组织中存在大量非金属夹杂物，破坏了金属基体的均匀连续性，造成局部应力集中，促进微裂纹的产生；非金属夹杂物在焊缝内及熔合线附近引起微裂纹，降低了焊接接头强度。

焊接工艺参数选用不当，在热影响区发生晶间腐蚀。降低了焊接接头的强度，造成护栏受力后断裂。

参考文献

［1］李炯辉，林德成. 金属材料金相图谱：上册［M］. 北京：机械工业出版社，2006: 597.

［2］Lippold JC，Kotecki DJ. 陈剑虹，译. 不锈钢焊接冶金学及其焊接性［M］. 北京：机械工业出版社，2016: 187.

案例 18　热处理不当

某公司使用的螺栓发生断裂

案例分析

【背景】

某螺栓在使用过程中发生断裂。该螺栓材质为40Cr。

【知识点】

本案例涉及螺栓的热处理工艺、加工工艺、受力分析、断口分析、组织缺陷、金属材料的组织结构、断裂类型以及影响因素、腐蚀机理、腐蚀的特点、腐蚀的类型、腐蚀的防护、螺栓使用的实际环境（温度、应力和腐蚀介质环境情况）、金相制样和组织观察、减小腐蚀裂纹扩展的措施、腐蚀裂纹的扩展原理及影响因素、螺栓所承受的外在条件对裂纹扩展的影响等。

【重难点】

本案例涉及的重难点知识是螺栓进行处理后，材料内部的组织结构缺陷，最后致使材料发生断裂而失效。如何调整热处理工艺、加工工艺和改善使用环境，提高螺栓的实用性。

【关键问题】

本案例需要解决的关键问题是螺栓进行处理后材料内部的组织结构缺陷的热处理工艺参数，如何采取科学合理的热处理工艺、加工工艺，改善材料的组织结构。

【方法】

首先对螺栓发生断裂处进行多次清洗，吹干，详细地观察是否出现裂纹、裂纹的扩展方向、裂纹的形态，在其发生断裂部位的横向和纵向上分别截取试样，以备后续的观察使用；利用直读光谱仪对螺栓化学成分进行检测；利用扫描电镜对断口微观形貌进行观察；利用金相显微镜对经镶嵌、磨制、抛光、腐蚀后的试样进行组织观察，了解裂纹的微观形态和材料的组织结构；用干燥器皿将试样存放起来，保持周围环境的干燥，以便后续继续使用。

【结果】

通过宏观检验、微观检验、化学成分分析、金相检验等手段对螺栓断裂的原因进行分析。结果表明，螺栓显微组织中包含铁素体和上贝氏体，降低其综合性能，是导致其断裂的主要原因。

1. 检验

（1）宏观检验

图1为断裂螺栓实物形貌。由图可见，螺栓断裂部位处于螺栓头与螺杆连接的退刀槽处。断裂面与主应力方向垂直，断口平齐。

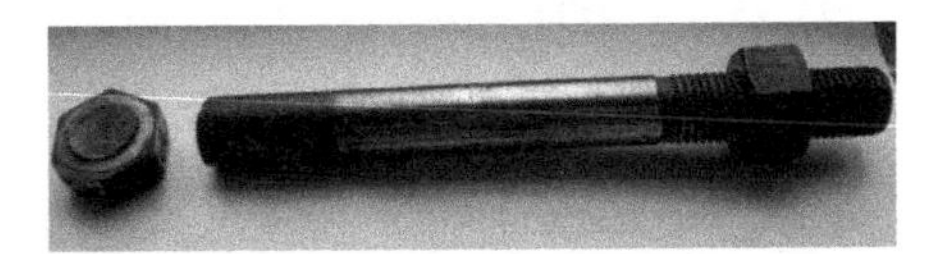

图1　断裂螺栓的实物形貌

（2）断口微观检验

对断裂螺栓进行了断口微观检验，从螺栓的宏观形貌来看，整个螺栓的断口形貌分为3个区，分别是断口交界处形貌区、解理和准解理形貌区、断口韧窝形貌区。微观形貌图如图2所示。从图3中看出，交界处断口形貌平整；从图4中看出，2区断口为解理和准解理形貌，可见二次裂纹和撕裂棱的韧窝形貌；从图5中看出，3区断口韧窝数量增加。综合以上形貌特征初步判断该螺栓断裂类型为脆性断裂。

图2　断裂螺栓的断口形貌

图3　1区断口形貌

图4　2区断口形貌

（3）金相检验

从断裂螺栓断口上截取试样，试样经磨制、抛光、用4%硝酸酒精溶液浸蚀后，在金相显微镜下观察。发现外表面及心部显微组织均为：回火屈氏体+上贝氏体+铁素体，如图6所示。可见，部分铁素体呈针状，且沿晶界分布。

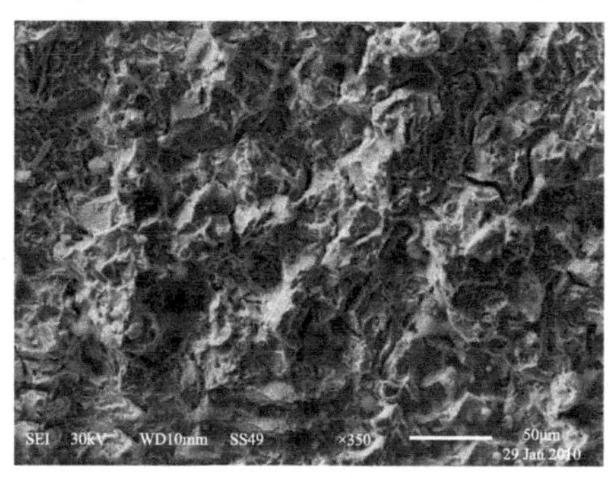

图5 3区断口形貌

(a) 外表面

(b) 心部

图6 显微组织

（4）化学成分检验

从断裂的螺栓上截取试样进行化学成分检测，结果见表1。化学成分结果显示该螺栓符合标准 GB/T 3077《合金结构钢》中对钢号 40Cr 的规定。

表1 化学成分检验结果 单位：%（质量分数）

项目	C	Si	Mn	P	S	Cr
标准值	0.34 ～ 0.47	0.14 ～ 0.40	0.47 ～ 0.83	≤ 0.040	≤ 0.040	0.75 ～ 1.15
实测值	0.41	0.25	0.70	0.019	0.008	1.00

2. 分析与讨论

① 宏观检验结果说明断裂为脆性断裂。

② 金相检验结果表明工件淬火时冷却速度慢，形成铁素体和上贝氏体，未得到完全的马氏体组织，回火后得到的组织为回火屈氏体 + 铁素体 + 上贝氏体。铁素体强度、硬度低，形成了材料组织的软点，降低材料综合性能。上贝氏体强度和韧性均较差，降低了材料的综合性能。

3. 结论

该螺栓淬火时冷却速度慢，形成铁素体和上贝氏体，致使其综合性能降低，使其受力后开裂。

案例 19　配合键失效

某农民使用收割机的柴油发动机发生故障

案例分析

【背景】

某收割机的 LR 105 型柴油发动机发生故障。修理后试运转 2 小时出现缸体损坏。

【知识点】

本案例涉及柴油发动机配合键的热处理工艺、加工工艺、受力分析、变形分析、断口分析、组织缺陷、金属材料的组织结构、受力参数的计算、配合键使用的实际环境（温度、应力和腐蚀介质环境情况）、金相制样和组织观察、配合键所承受的服役条件对配合键使用的影响等。

【重难点】

本案例涉及的重难点知识是配合键进行处理后，材料内部的组织结构与受力情况之间的关系，最后致使材料发生断裂而失效；如何调整热处理工艺、改善使用环境，提高配合键的实用性。

【关键问题】

本案例需要解决的关键问题是配合键在服役条件下影响材料内部组织结构的热处理工艺参数，如何采取科学合理的热处理工艺，改善材料的组织结构。

【方法】

首先将发动机气缸盖打开检查；利用百分表找出排气门关闭控制点，并测量排气门迟闭角；用游标卡尺测量配合键形变量。

【结果】

通过宏观检验、排气门迟闭角测量、拆解凸轮轴与正时齿轮等方法对发动机气缸破碎的原因进行分析。结果表明，凸轮轴与正时齿轮之间的配合键沿凸轮轴切向发生形变，而产生变形量，导致排气门与活塞顶部相碰，是造成发动机气缸损坏的原因。

1. 检验

（1）宏观检验

发动机气缸破碎的实物形貌如图 1 所示。为查找气缸破碎原因，将发动机气缸盖打开，发现 1 缸气门头脱落（图 2），1 缸缸套、活塞破碎（图 3、图 4），连杆弯曲（图 5），2、3、4 缸活塞顶部有碰撞痕迹（图 6）。打开正时齿轮盖查看，正时标记对正无误（图 7）。按说明书要求，重新装好气缸盖，调整气门脚间隙，进气门 0.3 ～ 0.4mm，排气门 0.4 ～ 0.5mm。

图 1　气缸破碎实物形貌

图 2　气门头脱落

图 3　缸套破碎

图 4　活塞破碎

图 5　连杆弯曲

图 6　活塞顶部碰撞痕迹

（2）排气门迟闭角测量

找出 4 缸排气门关闭控制点（图 8），并在飞轮上画出一标记。逆时针转动曲轴（面对发动机前端）使 4 缸活塞处于排气上止点位置（此时飞轮上的刻线标记与飞轮壳上的标记对正），测量飞轮上画出的标记与飞轮上刻线标记间的齿数为 8.5 个齿，将齿数换算成曲轴转角：

排气门迟闭角 $=8.5\times360°/130\approx23.5°$（与标准值相差 $23.5°-12°\approx11.5°$）

式中，130为该发动机飞轮齿圈的齿数；360°为曲轴转一圈的转角；12°为本型号发动机排气门标准迟闭角。

图7 正时标记对正

图8 排气门关闭控制点

（3）拆解凸轮轴与正时齿轮

为查找排气门迟闭角与标准值相差11.5°的原因，将凸轮轴与凸轮轴正时齿轮进行拆解。发现凸轮轴与凸轮轴正时齿轮配合键发生形变（图9、图10），形变量约为1.76mm，形变沿凸轮轴切向发生，与剪切力方向一致。

图9 配合键发生形变

图10 配合键形变

发动机齿轮传动工作原理如图11所示，将配合键的形变量换算成曲轴转角

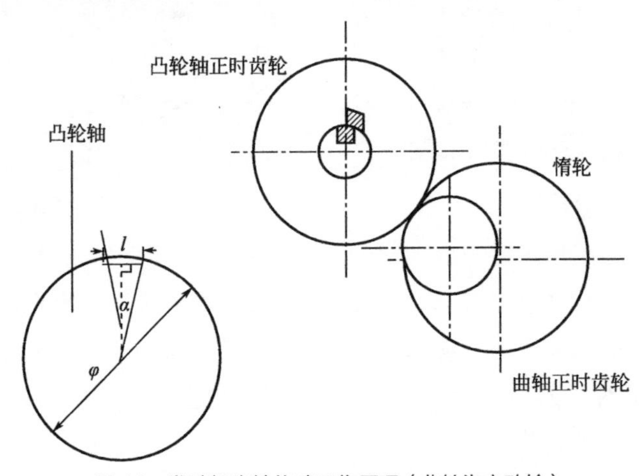

图11 发动机齿轮传动工作原理（曲轴为主动轮）

$$\alpha=2\arcsin\frac{l}{\varphi}$$

根据齿轮传动原理

$$\frac{Z_{凸}}{Z_{曲}}=\frac{n_{曲}n_{惰}}{n_{惰}n_{凸}}=\frac{n_{曲}}{n_{凸}}$$

因为
$$\alpha=\frac{360^{\circ}nt}{60},\quad n=\frac{60\alpha}{360^{\circ}t}$$

所以
$$\frac{Z_{凸}}{Z_{曲}}=\frac{360\alpha_{曲}/360^{\circ}t}{360\alpha_{凸}/360^{\circ}t}=\frac{\alpha_{曲}}{\alpha_{凸}}$$

$$\alpha_{曲}=\frac{Z_{凸}}{Z_{曲}}\alpha_{凸}=\frac{Z_{凸}}{Z_{曲}}\alpha=2\frac{Z_{凸}}{Z_{曲}}\arcsin\frac{l}{\varphi}=2\times\frac{60}{30}\arcsin\frac{1.76}{35}\approx 11.5^{\circ}$$

式中　φ——凸轮轴与凸轮轴正时齿轮配合处轴直径（35mm）；

l——键被剪切后的滑移量（弦长），mm；

α——l 所占的凸轮轴转角，（°）；

n——齿轮转速，$r \cdot min^{-1}$；

t——时间，h；

$\alpha_{凸}$——凸轮轴转角；

$\alpha_{曲}$——曲轴转角；

$Z_{凸}$——凸轮轴正时齿轮齿数；

$Z_{曲}$——曲轴正时齿轮齿数。

2. 分析与讨论

正时标记对正说明正时齿轮安装正确。

排气门迟闭角与标准值相差11.5°，说明造成配气相位失准的原因应为凸轮轴或曲轴出现故障。拆解凸轮轴与正时齿轮过程中发现配合键形变，变形量约为1.76mm，换算成曲轴转角恰好约为11.5°，说明造成配气相位失准的原因就是该配合键发生形变，使凸轮轴与其正时齿轮配合错位，导致配气相位改变，排气门迟闭角增大，排气门头与活塞顶部相碰。2、3、4缸活塞顶部的碰撞痕迹为排气门与活塞顶部相碰所至。

3. 结论

凸轮轴与正时齿轮组合体的配合键剪切形变，使凸轮轴与其正时齿轮配合错位导致配气相位改变、导致排气门与活塞顶部相碰，是造成该柴油发动机排气门头脱落、活塞、缸套、连杆、缸体损坏的原因。

案例 20 点蚀

某中央空调用钢管出现泄漏

案例分析

【背景】

某中央空调用钢管在安装使用一段时间后，出现泄漏。该钢管材质为Q235B，表面经镀锌处理。

【知识点】

本案例涉及中央空调用钢管Q235B材料的热处理工艺、表面处理工艺、焊接工艺、受力分析、断口分析、组织缺陷、金属材料的组织结构、腐蚀机理、腐蚀的类型、腐蚀的特点、金属夹杂物、裂纹的类型、裂纹扩展的基本规律、裂纹扩展的影响因素、中央空调用钢管使用的实际环境（温度、应力和腐蚀介质环境情况）、金相制样和组织观察、钢管所承受的服役条件对组织结构的影响等。

【重难点】

本案例涉及的重难点知识是中央空调用钢管进行处理后，材料内部的组织结构与发生腐蚀之间的关系，最后致使材料发生失效；如何调整热处理工艺、焊接工艺、改善使用环境，提高中央空调用钢管的实用性。

【关键问题】

本案例需要解决的关键问题是中央空调用钢管在服役条件下影响材料内部组织结构的焊接工艺参数，以及发生点蚀的基本规律。

【方法】

首先对中央空调用钢管发生泄漏处进行多次清洗，吹干，详细地观察是否出现裂纹、裂纹的扩展方向、裂纹的形态，在其发生泄漏部位的横向和纵向上分别截取试样，以备后续的观察使用；利用直读光谱仪对中央空调用钢管化学成分进行检测；利用能谱仪对焊缝腐蚀穿孔处及钢管基体内壁腐蚀处分别进行能谱分析；利用金相显微镜对经镶嵌、磨制、抛光、腐蚀后的试样进行组织观察，了解裂纹的微观形态和材料的组织结构；用干燥器皿将试样存放起来，保持周围环境的干燥，以便后续继续使用。

【结果】

通过宏观检验、化学成分分析、金相检验、扫描电镜及能谱分析等手段对中央空调用钢管泄漏的原因进行分析。结果表明，钢管泄漏的主要原因是氯离子吸附在钢管内表面形成点蚀核，并逐渐向深处扩展，最终在自催化作用下造成钢管被腐蚀穿透。

1. 检验

（1）宏观分析

泄漏钢管的实物形貌见图 1（a）。钢管外壁直径 42mm，内壁直径 36mm，管壁厚 3mm。通过观察发现，蚀孔的尺寸长约 2.5mm，宽约 1mm，蚀孔附近无胀粗变形现象，见图 1（b）。钢管内部有厚约 15mm 的淤泥沉积，焊缝位于淤泥的下方，见图 2。将钢管从纵向剖开，去除内部淤泥，发现钢管内壁泄漏点周围的氧化腐蚀现象很严重，由钢管内壁向外壁发展，直至蚀穿管壁而泄漏，而钢管外壁平整，无腐蚀现象。将钢管内壁清洗干净，发现焊缝及钢管基体内壁表面均存在腐蚀凹坑，大小不等、深浅不同，且主要集中在焊缝处，见图 3。另外从钢管外壁观察泄漏部位，发现腐蚀穿孔只发生在焊缝处。

(a)

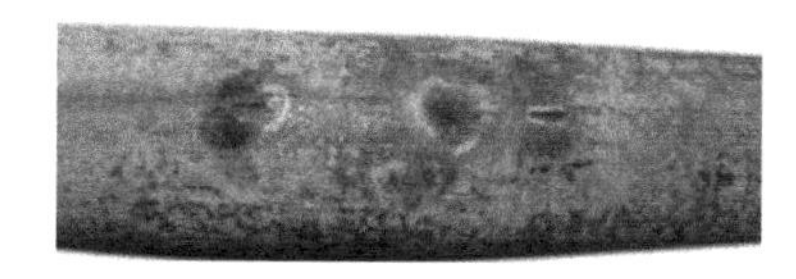

(b)

图 1 泄漏钢管的实物形貌

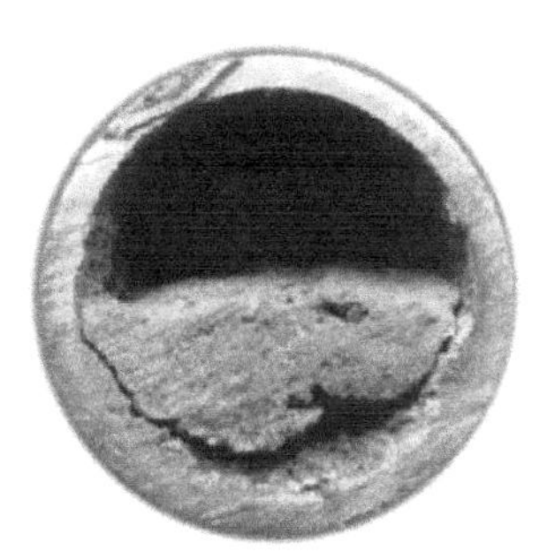

图 2 钢管内沉积的淤泥

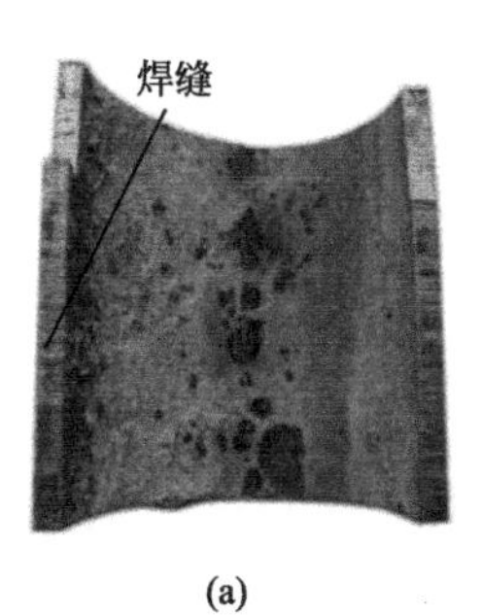

(a)

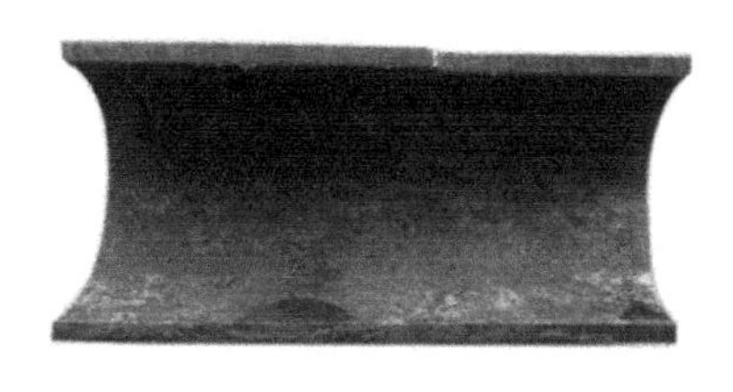

(b)

图 3 钢管纵剖面

（2）化学成分分析

对中央空调用钢管进行化学成分检测，结果见表 1。由表 1 可知，该中央空调用钢管符合 GB/T 700《碳素结构钢》标准中钢号为 Q235B 的规定。这说明泄漏不是由于材料问题导致的。

表 1　钢管的化学成分　　单位：%（质量分数）

项目	C	Si	Mn	P	S
标准值	≤ 0.22	≤ 0.38	≤ 1.46	≤ 0.050	≤ 0.050
实测值	0.091	0.17	0.35	0.012	0.029

（3）金相检验

在钢管泄漏处横向及未泄漏处横、纵两个方向上分别截取试样，并依次标记为试样 1、试样 2 和试样 3。按 GB/T 13298《金属显微组织检验方法》制备试样。试样经镶嵌、磨制、抛光后，在金相显微镜下观察，发现存在非金属夹杂物，见图 4。依据 GB/T 10561《钢中非金属夹杂物含量的测定　标准评级图显微检验法》标准，评定为硅酸盐类细系＞3 级。

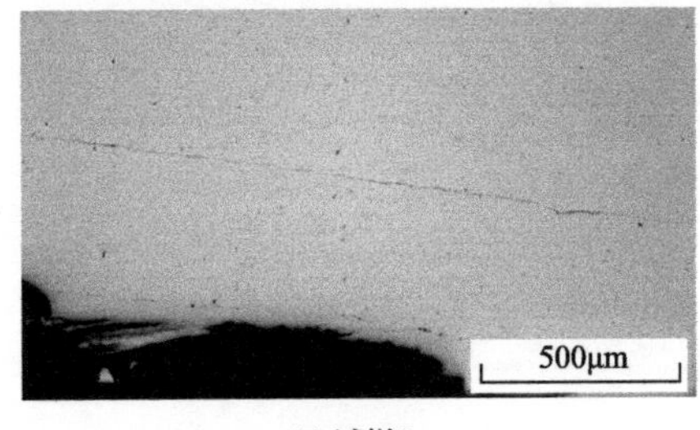

(a) 试样2

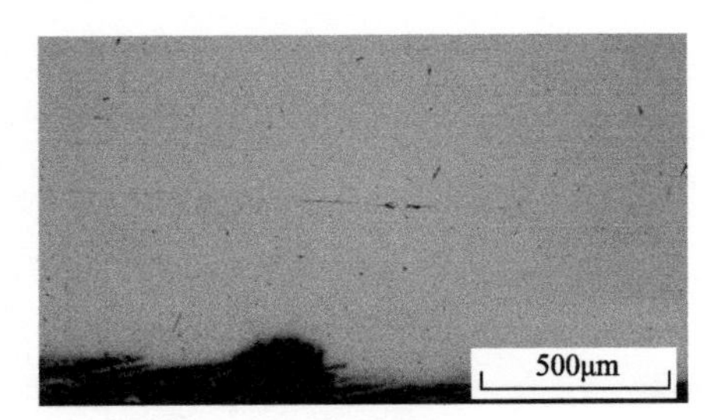

(b) 试样3

图 4　非金属夹杂物

试样经 4% 硝酸酒精溶液浸蚀后，在金相显微镜下观察。试样 1 因取自腐蚀穿孔处，只观察到部分热影响区，显微组织见图 5。试样 2 的焊接接头由焊缝 + 热影响区组成，基体组织为 F+P，组织正常，见图 6。

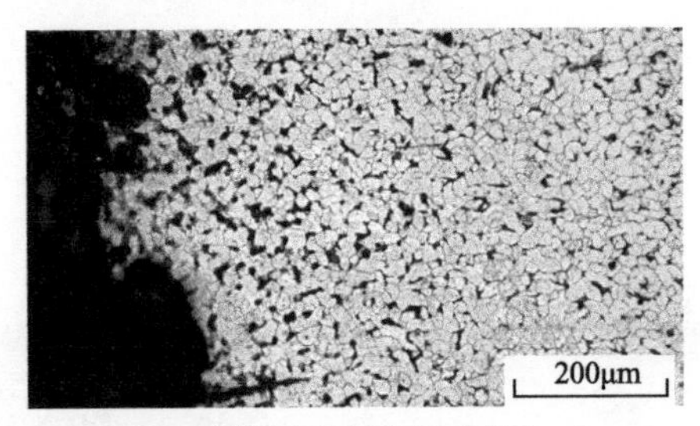

图 5　试样 1 显微组织（200×）

（4）能谱分析

对焊缝腐蚀穿孔处及钢管基体内壁腐蚀处分别进行扫描电镜及能谱检测，发现蚀坑周围有氯和硫的富集，氯分别约为 0.15% 和 0.20%，硫分别约为 0.62% 和 0.79%，表明蚀坑周围含与氯相关的腐蚀产物，其能谱图见图 7、图 8。

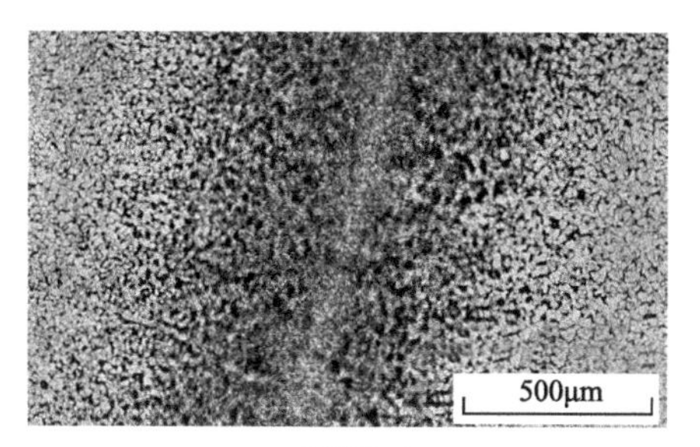

(a) 焊接接头

(b) 焊接接头

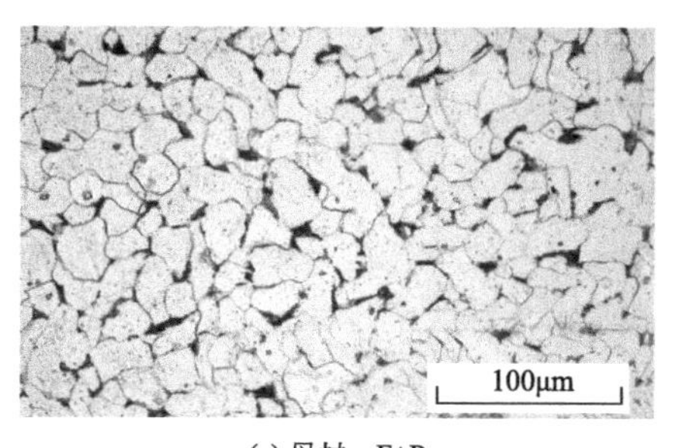

(c) 母材：F+P

图6 试样2显微组织

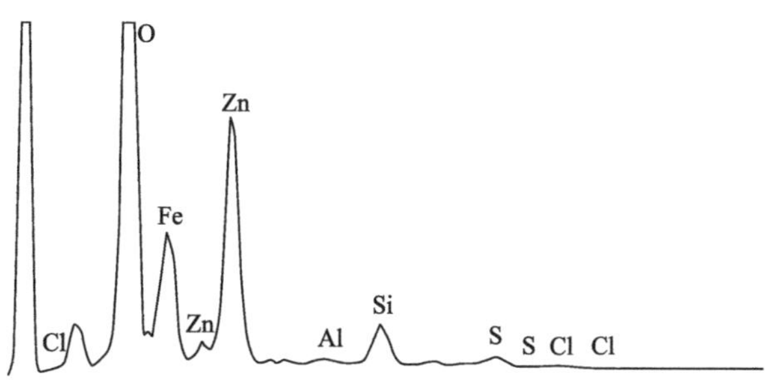

图7 焊缝腐蚀穿孔处周围腐蚀物能谱图

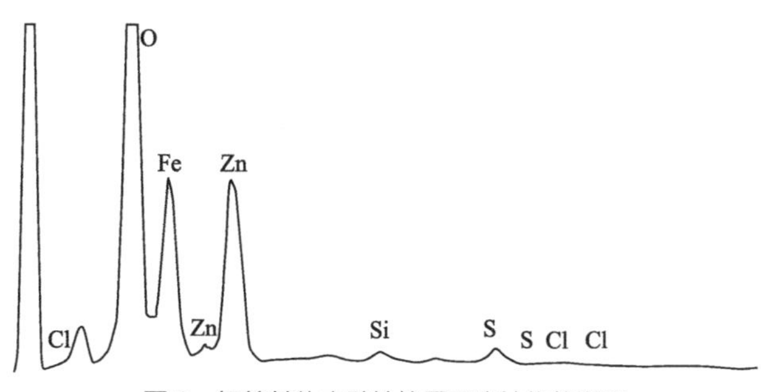

图8 钢管基体内壁蚀坑周围腐蚀物能谱图

2. 分析与讨论

(1) 腐蚀性质分析

通过对蚀孔宏观形貌的观察可知，蚀孔尺寸小且深，它在金属表面的分布，有些较分散（如管壁处），有些较密集（如焊缝处），孔口有腐蚀产物覆盖。依据文献[1]中对金属发生点腐蚀时具有特征的描述，并结合扫描电镜及能谱检测结果，可知该钢管基体内壁及焊缝处发生的腐蚀穿孔现象其实质为点腐蚀。

（2）腐蚀原因分析

由文献[1]可知，尽管钢管腐蚀物中氯离子浓度较低，但在阳极极化条件下，介质中只要含有氯离子便可使金属发生点腐蚀。氯离子吸附在钢管表面，破坏了金属表面的钝化膜，达到发生点腐蚀的临界离子浓度后，形成点蚀核，蚀核继续长大形成蚀孔。此时蚀孔内的金属表面处于活态，电位较负，成为阳极；蚀孔外的金属表面处于钝态，电位较正，成为阴极。这样构成一个小阳极－大阴极的微电池，造成阳极电流密度很大，致使蚀孔很快加深。此外，锈层与淤泥在孔口沉积形成一个闭塞电池，蚀孔内、外物质交换困难，蚀孔内金属氯化物浓缩，蚀孔高速度深化，致使钢管蚀穿。

并不是所有的蚀孔都蚀穿钢管，因为蚀核形成后，该点仍具有再钝化的能力，再钝化阻力较小，蚀核就不再长大。由于焊缝处存在焊接应力，应力引起金属晶格的扭曲，降低了金属的电位，加速了腐蚀过程，所以蚀穿都发生在焊缝处。

另外，夹杂物的存在对钢材耐蚀性也会产生不利影响。从文献[2]可知，钢中非金属夹杂物与基体的电极电位不同，在分界处会引起电化学腐蚀，造成点腐蚀多产生在夹杂物所在处。腐蚀产物中还发现S元素的富集。关于含硫离子对点腐蚀的影响，费志强[3]认为，Cl^-和SO_4^{2-}在有氧存在时将产生加速点腐蚀的倾向，其中SO_4^{2-}的催化作用更显著。姜涛等[4]研究了含硫阴离子对低碳钢孔蚀的影响，结果表明，CNS^-、SO_3^{2-}、SO_4^{2-}、$S_2O_3^{2-}$等离子促进碳钢孔蚀形核，而S^{2-}、$S_2O_3^{2-}$、SO_3^{2-}等离子促进小孔生长。

3.结论及改进措施

（1）结论

① 氯离子吸附在钢管内表面形成点蚀核，并逐渐向深处扩展，最终在自催化作用下造成钢管被腐蚀穿透，发生泄漏。

② 含硫离子和夹杂物的存在加速了点腐蚀倾向。

（2）改进措施

在金属表面施加涂覆层，采用阴极保护，或在腐蚀介质中加入少量缓蚀剂，是防止点腐蚀发生的有效措施。

参考文献

[1] 魏宝明．金属腐蚀理论及应用［M］．北京：化学工业出版社，1984: 148-151, 214.

[2] 机械工业理化检验人员技术培训和资格鉴定委员会．金相检验［M］．上海：上海科学普及出版社，2003: 77.

[3] 费志强．锅炉受热面管子腐蚀成因分析［J］．工业锅炉，2003 (1): 55-56.

[4] 姜涛，左禹，熊金平．含S阴离子对低碳钢孔蚀的影响［J］．腐蚀科学与防护技术，2001, 13 (15): 249-253.

附录

金属显微组织检验方法

Inspection methods of microstructure for metals

GB/T 13298—2015

前 言

本标准按照 GB/T 1.1—2009 给出的规则起草。

本标准代替 GB/T 13298—1991《金属显微组织检验方法》，与 GB/T 13298—1991 相比主要技术内容变化如下：

——试样制备改为“试样准备”（见第 3 章）；

——增加了试样选取两种情况（见 3.1）；

——增加了检验面的示意图（见 3.2.1）；

——平行于锻轧方向的纵截面检验增加了“带状组织评级”（见 3.2.3）；

——增加了“试样标记”部分（见 3.5）；

——采用了清晰的“机械镶嵌法的夹具图”（见 3.7.2）；

——增加了振动抛光（见 5.5）；

——“试样的浸蚀”改为“显微组织显示”，增加了总则（见 6.1），增加了光学法（见 6.2）、热蚀显示法（见 6.3.5）、阳极覆膜法（见 6.4.2）；删除了化学浸蚀剂和电解浸蚀剂的配制及安全注意事项（见 1991 年版 4.1.3）；

——删除了“金相显微镜分为台式、立式、卧式”（见 1991 年版 5.2）；

——删除了“使用显微镜时应特别保护镜头注意事项”（见 1991 年版 5.5）；

——删除了“使玻璃板上影相清晰，必要时可借用聚焦放大镜在毛玻璃板上观察”（见 1991 年版 6.6）；

——显微组织检验部分（见第 7 章），删除了黑白底片和彩色底片照相以及“黑白底片和相纸冲洗”（见 1991 年版 6.10）以及“彩色底片与彩色相片冲洗”（见 1991 年版 6.11），增加了显微镜照明方式（见 7.2.1）、增加了图像采集（见 7.3）和图像分析部分（见 7.4）；

——增加了“现场金相检验”（见第 8 章）；

——将“试验记录”改为“检验报告”。（见第 9 章，见 1991 年版第 7 章）；

——增加了金属常用的浸蚀剂（见附录 A）。

本标准由中国钢铁工业协会提出。

本标准由全国钢标准化技术委员会（SAC/TC 183）归口。

本标准起草单位：钢铁研究总院、冶金工业信息标准研究院、方大特钢科技股份有限公司、大冶特殊钢股份有限公司、首钢总公司、邢台钢铁有限责任公司。

本标准主要起草人：李继康、赵晓丽、栾燕、鞠新华。

本标准所代替标准的历次版本发布情况为：

——GB/T 13298—1991。

金属显微组织检验方法

1　范围

本标准规定了金属显微组织检验的试样准备、试样研磨、试样抛光、显微组织显示、显微组织检验、现场金相及试验记录。

本标准适用于金相显微镜检查金属组织的操作方法。

2　规范性引用文件

下列文件对于本文件的应用是必不可少的。凡是注日期的引用文件，仅注日期的版本适用于本文件。凡不注日期的引用文件，其最新版本（包括所有的修改单）适用于本文件。

YB/T 4377　金相试样电解抛光方法

3　试样准备

3.1　试样选取

3.1.1　总则

为保证检验有效，选取的金相试样尽可能客观全面的代表被研究的材料。试样截取的方向、部位、数量应根据金属制造的方法、检验目的、相关标准或双方协议的规定进行。

3.1.2　常规检验

除在产品标准中有特殊规定外，建议在能代表材料特征的位置选取，试样宜包含完整的加工处理和影响区。例如：钢带或线材试样宜在盘卷的端部截取；铸件试样宜包含最大偏析和最小偏析的区域；热处理试样宜包含完整的热处理层；表面处理试样宜包含全部表面处理层；焊接试样宜包含焊缝、热影响区和母材。

3.1.3　失效分析

试样应尽可能在断裂或开始失效的部位截取。在截取金相试样之前，应完成对失效表面的研究，或者至少应完成记录失效的情况。然后在正常部位取样进行组织和性能对比。

3.2　检验方向和检验面选取

3.2.1　检验面的示意图见图 1。

3.2.2　垂直于锻、轧方向的横截面（F）通常可用于检验：

（a）从表层到中心的显微组织状态及变化；

（b）晶粒度级别；

（c）网状碳化物评级；

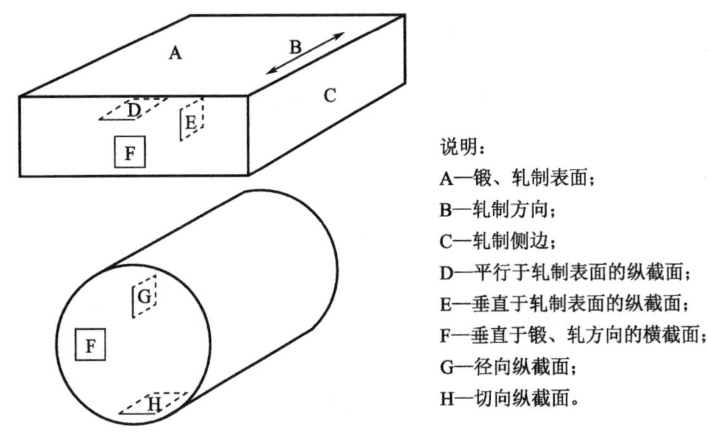

图 1　金相检验面的示意图

（d）表面缺陷的深度；

（e）氧化层深度；

（f）脱碳层深度；

（g）腐蚀层深度；

（h）表面化学热处理及镀层组织与厚度。

3.2.3　平行于锻、轧方向的纵截面（D、E、G、H）通常可用于检验：

（a）钢中非金属夹杂物含量；

（b）变形后的各种组织、晶粒畸变程度、塑性变形程度；

（c）带状组织评级；

（d）热处理的全面情况。

3.2.4　根据分析研究需要，可观察多个截面。例如：研究热轧和冷轧金属组织变形情况时可综合观察横截面和纵截面；对线材和小棒材，观察横截面的同时观察穿过试样轴心的纵截面。

3.3　试样尺寸确定

试样尺寸以检验面面积小于 400mm^2，试样的高度 15 ～ 20mm（小于横向尺寸）为宜。

3.4　试样截取

试样可用砂轮切割、电火花线切割、机加工（车、铣、刨、磨）、手锯以及剪切等方法截取，必要时也可用氧乙炔火焰气割法截取，硬而脆的金属可用锤击法取样。试样截取时应尽量避免截取方法对组织的影响（如变形、过热等）。在后续制样过程中应去除截取操作引起的影响层，如通过（打）砂轮磨削等；也可在截取时采取预防措施（如使用冷却液等），防止组织变化。

3.5　试样标记

为了避免在准备过程中试样发生混乱，应做好试样的登记及标记工作。试样截取后应立即在试样检验面以外的其他部位打印、刻写标记，并确保在试样清洗和热处理的过程中标记不被磨损、遮蔽。试样如后续需要镶嵌则应在镶嵌后重新标记。

3.6　试样清洗

试样表面若沾有油渍、污物、冷却液或残渣，可用合适的溶剂（如酒精、丙酮等）清洗，清洗可在超声波中进行。任何妨碍基体金属腐蚀的金属覆盖层应在磨抛之前除去。

3.7　试样镶嵌

3.7.1　总则

试样尺寸较小（如薄板、丝带材、细管等），试样过软、易碎，试样形状不规则，检验边缘组织，用于自动磨抛机进行标准化制样等试样需要镶嵌。所选用的镶嵌方法不应改变原始组织，镶嵌时试样检验面一般朝下放置。根据实际需要，可选用机械镶嵌法（见 3.7.2）或树脂镶嵌法（见 3.7.3）镶嵌。

3.7.2　机械镶嵌法

3.7.2.1　将试样用螺栓、螺钉固定在合适的夹具内（见图 2）。夹具的硬度应接近于试样的硬度，以减小试样研磨和抛光时对边缘产生磨圆作用；夹具的成分宜与试样类似，避免形成原电池反应影响腐蚀效果。

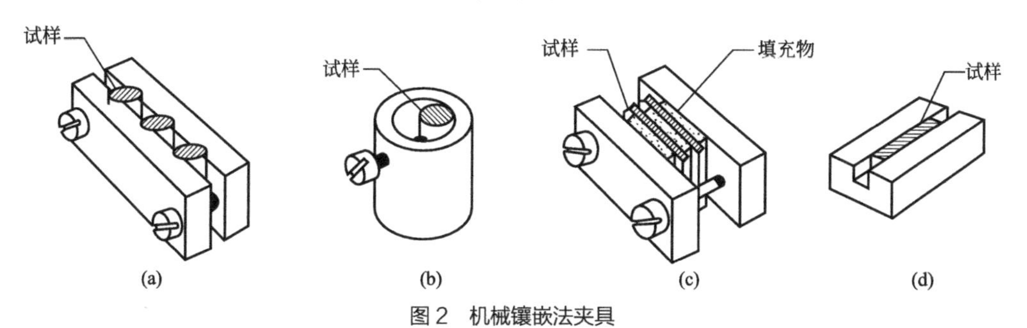

图 2　机械镶嵌法夹具

注：注意使试样与夹具紧密接触，试样固定时需小心，夹紧力过大可损坏软材料试样。

3.7.2.2　为减少抛光剂或腐蚀剂的渗透，可用较软材料制成的薄片填充在试样间，但应确保填充材料与试样在腐蚀过程中不起电解反应。典型的填充材料有薄的塑料片、铅或铜。为了减少空隙对抛光剂或腐蚀剂的吸收，还可以在夹持前将试样涂上环氧树脂层，或将试样浸在熔融的石蜡中使空隙被填充。

3.7.3　树脂镶嵌法

3.7.3.1　总则

最常用的镶嵌法是将试样镶嵌在树脂内。因树脂比金属软，为避免试样边缘磨圆，可以将试样夹在硬度相近的金属块之间或用相同硬度的环状物包围等。也可用保边型树脂，可根据检验目的不同选择市场上不同质量的树脂。细线材、异型件、断口等试样，可在镶嵌之前电镀铜、铁、镍、金、银等金属，电镀金属应比试样软，同时不应与试样金属基体起电化学反应。对于扩散层、渗层、镀层较薄的试样，可倾斜镶嵌以便放大薄层在一个方向上的厚度。有时为使镶样导电，可在树脂中加入铜粉或银粉等金属添加剂。树脂镶嵌法主要包括热镶法和冷镶法。

3.7.3.2　热镶法

将试样检验面朝下放入热镶机的模子中，倒入树脂应超过试样高度，封紧模子并加热、加压、固化、冷却，再打开模子，完成热镶。热镶的温度、压力、加热及冷却时间根据选用的树脂而定，一般加热温度不超过 180℃，压力小于 30MPa，建议冷却到 30℃后再解除压力。热镶树脂有两种：

（a）热固性树脂：丙烯酸、环氧树脂、电木粉、邻苯二甲酸二丙烯等；

（b）热塑性树脂：丙烯酸、聚酯丙烯酸、环氧树脂、聚酯、聚苯乙烯、聚氯乙烯、异丁烯酸甲酯等。

3.7.3.3　冷镶法

试样检验面朝下放入合适的冷镶模子中，将树脂及固化剂按合适比例充分搅拌（搅拌过程中尽量避免出现气泡），注入模具，在室温固化成型。对温度和压力敏感的材料要冷镶，如不允许加热的试样、软的试样、形状复杂的试样以及多孔性试样等。冷镶材料有聚酯树脂、丙烯酸树脂、环氧树脂等，也可使用牙托粉和牙托水。冷镶模具可用硬橡胶、聚四氟乙烯塑料、纸盒等。使用低真空实现真空冷镶，镶嵌材料容易渗入缝隙，适用于多孔试样、细裂纹试样、易脆试样、脆性材料等。

4　试样研磨

4.1　试样磨平

切取好的试样先磨平，为下一道砂纸的磨制做好准备。磨削时须用水冷却试样，防止试样因受热而发生组织变化。

4.2　试样磨光

4.2.1　手工磨光

经磨平、洗净、吹干后的试样，在不同粒度的砂纸上由粗到细依次磨制，砂纸须平铺于平的玻璃、金属或板上。每换一次砂纸时，试样须转 90° 与旧磨痕成垂直方向，在此方向磨至旧磨痕完全消失，新磨痕均匀一致时为止。每次须用水或超声将试样洗净吹干后再进入下一道制样程序。

4.2.2　机械磨样机磨光

将由粗到细不同粒度的砂纸或磨盘分别置于机械磨样机上依次磨制。

5　试样抛光

5.1　总则

抛去试样上的磨痕以达镜面光洁度，且无磨制缺陷。抛光方法可采用机械抛光、电解抛光、化学抛光、振动抛光、显微研磨等。

5.2　机械抛光

5.2.1 粗抛光

经砂纸磨光的试样，可移到装有尼纶、呢绒或细帆布等的抛光机上粗抛光，抛光剂可用微粒的金刚石、氧化铝、氧化镁、氧化铬、氧化铁、金刚砂等，类型有抛光悬浮液、喷雾抛光剂、抛光膏等。抛光时间 2 ～ 5min。抛光后用水洗净并吹干。

5.2.2　精抛光

5.2.2.1　经粗抛光后的试样，可移至装有尼龙绸、天鹅绒或其他纤维细匀的丝绒抛光盘进行精抛光。根据试样的硬度，可选用不同粒度的细抛光软膏、喷雾抛光剂、氧化物悬浮液等。注意抛光时间和用力，以避免人为造成试样如边角倒圆和浮凸。一般抛光到试样的磨痕完全除去，表面呈镜面时为止。抛光后用水冲洗，再用无水乙醇洗净吹干，使表面不致有水迹或污物残留。

5.2.2.2　精抛光操作可选用手工或自动方法。手工抛光时将试样均匀地轻压在抛光盘上，沿盘的直径方向来回抛光。控制绒布湿度，避免对抛光质量产生影响（湿度太大会产生曳尾，湿度太小会产生黑斑），绒布的湿度以将试样从盘上取下观察时，表面水膜在 2 ～ 3s 内完全蒸发消失为宜。自动抛光设备是将试样固定在夹具上，由夹具带动试样按照一定轨迹在抛光盘内运动，夹具与抛光盘的作用力、转速、转动方向等可根据需要调节，抛光效率较高。

5.3　电解抛光

电解抛光是将金属作阳极插在电解槽中，其表面因电解反应而发生选择性腐蚀，从而使其表面被抛光的一种方法。电解抛光的条件是由电压、电流、温度、抛光时间来确定，按 YB/T 4377 的规定执行。

5.4　化学抛光

化学抛光是靠化学试剂对试样表面不均匀溶解，逐渐得到光亮表面的结果。但只能使试样表面光滑，不能达到表面平整的要求。对纯金属铁、铝、铜、银等有良好的抛光作用。

5.5　振动抛光

振动抛光是指螺旋振动系统在工业电源（半波整流后）驱动下，使试样在磨盘上圆周运动的同时进行自转，从而达到抛光的目的。常用于去除试样表面的应力或残余变形层，最终获得高质量表面。

5.6　显微研磨

显微研磨是将显微切片机上的刀片用研磨头代替制成。显微切片机切割下来的试样，再经显微研磨机研磨。显微研磨是把磨光和抛光的操作合并为一步进行。

6　显微组织显示

6.1　总则

试样抛光后不经处理直接显示显微组织；或者利用物理或化学方法对试样进行特定处理使各种组织结构呈现良好的衬度，得以清晰显示。常用方法有光学法、浸蚀法、干涉层法。

6.2　光学法

用不同组织对光线不同的反射强度和色彩来区分显示金相显微组织。试样可不经其他处理直接观察或者利用显微镜上的偏振光、微分干涉等附件来观察。

6.3　浸蚀法

6.3.1　化学浸蚀

化学试剂与试样表面起化学溶解或电化学溶解的过程，以显示金属的显微组织。

注：常用的浸蚀剂参见附录A。

6.3.2　电解浸蚀

试样作为电路的阳极，浸入合适的电解浸蚀液中，通入较小电流进行浸蚀，以显示金属显微组织。浸蚀条件由电压、电流、温度、时间来确定。

注：常用的浸蚀剂参见附录A。

6.3.3　恒电位浸蚀

恒电位浸蚀是电解浸蚀的进一步发展，采用恒电位仪，保证浸蚀过程阳极试样电位恒定，可以对组织中特定的相，根据其极化条件进行选择浸蚀（分别浸蚀和相继浸蚀）或着色处理。

6.3.4　离子浸蚀（阴极真空浸蚀）

采用荷能离子轰击刻蚀试样表面，有选择地除去试样表面的部分原子，以显露金属组织。特别适用于化学性质差异很大的复合试样，如铁-镍、不锈钢-铁钎焊接。

6.3.5　热蚀显示法

高温金相的一种主要显示手段，在真空（也可在氮气或氩气的惰性气体保护性气氛下）加热时，在没有任何介质作用下晶粒边界和某些相界能获得显示。

试样在真空中加热，由于温度的影响，当各个相或晶粒的热膨胀系数相差很大时会出现浮凸，在普通光和偏振光照明下，因高低差投影或不同位相晶体的不同，其光学特征都能清楚地反映出组织特征。

6.4　干涉层法

在金属试样抛光面上形成一层薄膜，通过入射光的多重反射和干涉现象，利用不同相具有不同的光学常数和膜厚，使组织间产生良好的黑白和彩色衬度，鉴别各种合金相。

6.4.1　化学浸蚀形成薄膜法

用化学试剂在金属试样表面形成一层薄膜的方法。金属中不同的相由于电位差异而形成厚度不同的薄膜，从而使各相或位向以及成分不同的晶粒之间、亚晶、枝晶等，由于多重反射和干涉现象产生不同的干涉色显示出组织差别。常用于相鉴别、晶粒位相观察以及偏析组织。

6.4.2　阳极覆膜法

阳极覆膜法是阳极化或称阳极化处理的结果。在阳极区，电化学阳极金属产生离子化反应和阳极区溶液存在的金属离子与某些阴离子之间的纯化学沉积反应，在试样表面形成一层对光呈各向异性的薄膜。在偏振光下，使用微分干涉或者灵敏片，不同位向的晶粒产生不同的彩色颜色。纯铝、高纯铝、软铝合金以及铸造铝合金一般需要进行阳极覆膜法，在偏振光下显示出清晰晶粒。

6.4.3 恒电位阳极化及阳极沉淀法

在恒定阳极电极电位的条件下进行阳极覆膜，由于合金中各相在选定的电位下各自处于极化曲线上的不同阶段，他们发生氧化以及成膜的速度不同，干涉结果会呈现各异色彩，常用于有色金属相的鉴别。

6.4.4 真空蒸发镀膜法

在真空室内，用一定的方法（电阻加热方法，还有电子束，激光和电弧等）加热使镀膜材料蒸发或升华，沉积在试样表面凝聚成膜。

6.4.5 溅射镀膜法

在真空室内利用气体辉光放电产生离子，其中正离子在电场作用下轰击阴极靶材表面，轰击出的靶材原子及原子团以一定的速度飞向试样表面沉积形成薄膜。

6.4.6 热染法

将抛光试样加热（< 500℃）形成氧化薄膜。由于组织中各相成分结构不同，形成厚薄不均的氧化膜。白光在氧化膜层间的干涉，呈现不同的色彩，从而鉴别金属组织中的各相。在鉴定高温合金复杂相组成方面有良好的效果。还可以显示有色金属锌、镁、铜等金属的晶粒位向，铸铁、碳钢合金的偏析带，对于渗碳、渗氮等化学热处理后渗层组织的显示效果较好。

7 显微组织检验

7.1 显微镜

7.1.1 金相显微镜常用照明方式有明场、暗场、偏振光、微分干涉衬度（DIC）。

7.1.2 显微镜应安装在干燥通风、无灰尘、无振动、无腐蚀气氛的室内，并置于稳固的桌面和或基座上，最好附有减震装置。

7.1.3 为保证检验的准确性，应按仪器说明书正确操作使用显微镜。

7.1.4 根据所需放大倍数选择物镜及目镜。目镜中如有刻度尺需用测微标尺进行标定，测微标尺按计量要求应进行检定。

7.2 显微观察

7.2.1 一般先在低倍下观察试样全貌，然后根据检验目的，在不同的放大倍数下检验。根据研究需要，可采用下列方法观察：

（a）明场照明用于显微组织的常规观察检验，是最常用的观察方式；

（b）暗场照明具有较高的衬度反差，用于晶界、缺陷和夹杂物等的识别及研究；

（c）偏振光照明常用于多相合金中相的鉴别，对于显示各向异性材料的组织、夹杂物以及晶界孪晶界也很有效，在光路中放入灵敏色片，还可以得到彩色图像；

（d）微分干涉衬度（DIC）调节棱镜可以产生不同的色彩，提高物象反差，还可以显示试样表面不同位置的高度差别，使图像具有凹凸不平的立体感。

7.2.2 镜头的选择，视所需放大倍数而定（依照显微镜说明书适当选配）。一般为充分利用显微镜物镜的分辨率，有效放大倍数不应大于物镜数值孔径（*N*、*A*）

的1000×，然后需选择合适的目镜与之相配合，以防虚假放大。

7.2.3　光源须调整适宜，所发出的光线需稳定和有足够的强度。调节光源与聚光的位置，使光束恰好能射入垂直照明器进口的中心，使所得的影像亮度强弱均匀一致。

7.2.4　滤色片根据物镜的种类而定。若为消色差镜头时，使用黄绿色滤色片；若为全消色差镜头时，则用黄、绿、蓝色滤色片均可。鉴别彩色组织的微细部分，选用滤光片与需要鉴别的相的颜色一致。

7.2.5　试样应平稳地放在显微镜载物台上，使其平面与显微镜光轴垂直。然后移动载物台，选择试样上合适的组织部位并调整显微镜焦距，使图像清晰。

7.2.6　显微镜的孔径光栏应根据显微镜放大倍数及显微组织结构调节到适当大小，使在物镜下所观察到的像最清晰和衬度最好。

7.2.7　显微镜的视场光栏须调节到适当大小，使影相的光亮范围能在照片大小范围之内，得到最佳的影像反衬。

7.3　图像采集

7.3.1　对于图像的实际放大比例应用测微尺进行标定，对于配备图像分析软件的显微镜，需定期对图像分析软件的系统标尺进行验证、标定。系统标尺的标定可按图像分析软件的说明书进行。

7.3.2　利用图像分析软件，可以对采集的图像进行亮度、对比度、灰度变换、均光校正、边缘增强等调节，为避免对采集图像做出错误（误导性）的分析，调节的程度不宜过大。

7.3.3　图像采集后，应在图片上加标尺。标尺宜衬度明显。

7.3.4　可调节摄像机参数设置、色彩饱和度以及选择白平衡等方法得到彩色金相。

7.3.5　根据需求，可将所采集的图像保存为JPEG、BMP、TIFF、RAW、PSD、PDF等格式。

7.4　图像分析

对采集的显微组织可根据需要进行显微组织分析以及定量金相分析。

7.4.1　显微组织分析

通常可进行下列检验分析：

（a）钢的显微组织评定，对钢中游离渗碳体、珠光体、带状组织以及魏氏组织等进行金相评定；

（b）钢中非金属夹杂物的形态、分布及级别的分析；

（c）钢中碳化物级别的评定；

（d）表面淬火层、电镀层、脱碳层、渗碳层以及渗氮层厚度的测定。

7.4.2　定量金相分析

7.4.2.1　利用体视学原理，由二维金相显微组织的测量和计算来确定合金的三维空间组织，从而建立合金成分、组织和性能间的定量关系，可用于人工或专门的图像分析仪的定量分析。通常可以进行下列测量分析：

（a）测定各类合金显微组织中物相体积百分数，如双相不锈钢中α相含量的测定；

（b）测定金属平均晶粒度；

（c）测定钢中石墨碳的面积含量；

（d）检验球墨铸铁中给定相的体积分数、颗粒的平均截线长度等参数；

（e）评定普通和低合金铸铁组织以及热处理后的铸铁组织；

（f）测量非金属夹杂物在金属中的含量；

（g）测量珠光体片层间距；

（h）分析粒度，即依据面积或直径统计颗粒的分布状况。

7.4.2.2　利用图像分析软件进行定量分析时，进行晶粒度，夹杂物评级等与绝对长度、大小直接相关的图像分析时，应确保该图像的真实放大倍数，并在定量测量前，设定图片的真实放大倍数，否则计算机系统不能自动识别；进行显微组织的相百分比分析等相对值测量时则可不考虑图像真实的放大倍数。

8　现场金相检验

大型的机件或构件，如大型齿轮、轴类、管道等进行组织无损检验时，可直接在工件上选定检验点，进行磨光、抛光、浸蚀等过程。可用便携式金相显微镜或采用覆膜的方法将需要观察的部位复制出来，带到实验室观察组织。

9　检验报告

检验报告宜包括下列内容：

（a）材料名称、牌号、规格、批号、编号、热处理工艺以及取样数量、部位、方向；

（b）本标准编号；

（c）使用仪器以及型号；

（d）组织显示方法以及如果采用浸蚀的方法需要注明采用的浸蚀剂种类；

（e）检测结果；

（f）报告日期以及编号；

（g）检测人员与审核人员签字。

附录 A　金属常用的浸蚀剂

A.1　碳钢和合金钢常用浸蚀剂参见表 A.1。

表 A.1　碳钢和合金钢常用浸蚀剂

序号	成分	浸蚀方法	适用范围
1-1	硝酸 1 ～ 5mL 酒精 100mL	硝酸浓度增加浸蚀作用增加，用蒸馏水代替部分酒精加速浸蚀；用甘油代替酒精延缓浸蚀 浸蚀时间数秒至 1min	一般适用于碳钢及低合金钢经热处理后的组织： 1）使珠光体发黑，并增加珠光体区域的衬度； 2）显示低碳钢中铁素体的晶界； 3）识别马氏体与铁素体； 4）显示铬钢组织
1-2	苦味酸 4g 酒精 100mL	腐蚀性较弱，不能显示铁素体晶界 浸蚀时间数秒至数分钟	一般适用于碳钢及低合金钢经热处理后的组织： 1）显示珠光体、马氏体、回火马氏体； 2）显出淬火钢中的碳化物； 3）利用浸蚀后色彩的差别识别铁素体、马氏体及大块碳化物； 4）显示低碳钢铁素体晶界上的渗碳体
1-3	盐酸 5mL 苦味酸 1g 酒精 100mL	晶粒度，1min 以下 显示回火组织，浸蚀 15min 左右	一般适用于合金钢经热处理后的组织： 1）显示淬火及淬火回火后钢的奥氏体晶粒； 2）显示回火马氏体组织（205 ～ 245℃，回火）； 3）显示铬、镍、铬锰各类合金钢
1-4	三氧化铬 10g 水 100mL	电解浸蚀，试样为正极，不锈钢为负极，相距 18 ～ 25mm，电压 6V，30 ～ 90s	除铁素体晶粒晶界外，多数组织均能显示；渗碳体最易腐蚀，奥氏体次之，铁素体最慢
1-5	三氯化铁 5g 盐酸 50mL 水 100mL	浸没 5 ～ 10s	显示奥氏体镍钢及不锈钢的组织
1-6	硝酸 5 ～ 10mL 酒精 95 ～ 90mL	浸蚀几秒到 1min	显示工具钢组织
1-7	试剂（1-5）的饱和溶液中加入少许硝酸	—	显示不锈钢组织
1-8	硝酸 10mL 盐酸 20 ～ 30mL 甘油 30 ～ 20mL	浸蚀前先用温水预热试样，腐蚀与抛光相结合	显示铁铬基合金、高速钢、高锰钢、镍铬合金组织和低合金钢晶粒度
1-9	硝酸 10mL 盐酸 20mL 双氧水 10mL 甘油 20mL	盐酸量可略作增减，增加盐酸作用加速，最好腐蚀抛光相结合	显示铁铬锰、铁铬镍及铁铬类奥氏体合金钢组织

续表

序号	成分	浸蚀方法	适用范围
1-10	草酸 10g 水 100mL	电解浸蚀，试样阳极不锈钢为阴极，间距 25mm，使用电压 6V，显示组织浸蚀 1min，显示碳化物 10s ～ 15s	显示奥氏体不锈钢及高镍合金组织
1-11	氯化铜 5g 盐酸 100mL 水 100mL 酒精 100mL	浸入浸蚀	铁素体及奥氏体钢，铁素体易浸蚀，碳化物不被浸蚀
1-12	氯化铜饱和盐酸 30mL 硝酸 10mL	试剂配好放置 20 ～ 30min 使用，擦拭浸蚀	不锈合金及高镍高钴合金
1-13	硝酸 30mL 醋酸 20mL	用擦拭法浸蚀	不锈合金及高镍高钴合金
1-14	硝酸 5mL 氢氟酸（48%）1mL 水 44mL	浸蚀约 5min	奥氏体不锈钢组织，但不显示应力线
1-15	盐酸 10mL 硝酸 3mL 酒精 100mL	浸蚀约 2 ～ 10min	高速钢淬火及淬火回火后晶界
1-16	盐酸 10mL 酒精 90mL	电解浸蚀，试剂中不能含水，电压 6V，约 10 ～ 30s	铬钢及镍铬钢
1-17	赤血盐 30g 氢氧化钾 30g 水 60mL	煮沸浸蚀，溶液需用新配制	区别铁—铬、铁—铬—镍、铁铬锰合金中的铁素体与 σ 相，σ 相呈淡蓝色，铁素体呈黄色
1-18	硫酸铜 4g 盐酸 20mL 水 20mL	—	显示不锈钢组织，氮化钢渗氮层深度
1-19	氯化铁 30g 氯化铜 1g 盐酸 50mL 氯化亚锡 0.5g 水 500mL 酒精 500mL	—	显示磷的偏析及树枝状组织
1-20	硫酸铜 1.25g 氯化铜 2.5g 氯化镁 10g 盐酸 2mL 水 100mL 加酒精至 1000mL	—	显示渗氮钢的渗氮层深度，各区的组织
1-21	硝酸 10mL 硫酸 10mL 水 80mL	—	显示钢的过热组织

A.2 铝及铝合金常用浸蚀剂参见表 A.2。

表 A.2 铝及铝合金常用浸蚀剂

序号	成分	浸蚀方法	适用范围
2-1	氢氟酸 1mL 水 200mL	用棉球擦拭 15s	显示显微组织
2-2	硫酸 20mL 水 80mL	70℃热浸蚀 30s，热浸蚀后迅速放入冷水中冷却	显示显微组织
2-3	硝酸 25mL 水 75mL	70℃热浸蚀 40s，热浸蚀后用冷水漂洗	显示显微组织
2-4	氢氟酸 2mL 盐酸 3mL 硝酸 5mL 水 190mL	浸蚀 10 ～ 20s，浸蚀后用温水冲洗	显示显微组织
2-5	氟硼酸 5g 水 200mL	电解：用铝、铅或不锈钢做阴极，20 ～ 45V 直流电，1 ～ 3min，30V 浸蚀 1min	偏振光下的晶粒结构
2-6	磷酸 24mL 二甘醇乙醚 50mL 硼酸 4g 草酸 2g 氢氟酸 30mL 水 32mL	电解：用碳精做阴极，电压 0 ～ 30V 直流电，30s 内不停搅拌，总计浸蚀 3min。清洗冷却。如有必要重复进行	偏振光下的晶粒结构

A.3 铜及铜合金常用浸蚀剂参见表 A.3。

表 A.3 铜及铜合金常用浸蚀剂

序号	成分	浸蚀方法	适用范围
3-1	氢氧化铵 50mL 双氧水（3%）20 ～ 50mL 水 0 ～ 50mL	双氧水随着铜含量的增加而递减，浸蚀用擦拭法，双氧水最好为新配。浸没或擦拭 1min	铜及铜合金。浸蚀铝青铜时表面形成的膜可用（3-9）试剂去除
3-2	氢氧化钾 1g 双氧水（3%）20mL 氢氧化铵 50mL 水 30mL	将氢氧化钾溶解在水中，然后将氢氧化铵缓缓加入到溶液中，最后加双氧水（3%）浸泡几秒到 1min，溶液现配现用	铜及铜合金
3-3	氢氧化铵 20mL 过硫酸铵 1g 水 60mL	浸泡 5 ～ 30s	铜及铜合金
3-4	过硫酸铵 10g 水 100mL	浸泡 3 ～ 60s，可以加热加快浸蚀速度	铜合金、铝青铜
3-5	三氧化铬 1g 水 100mL	电解浸蚀以铝片为负极，电压 6V，浸蚀 3 ～ 6s	铝青铜、铍青铜

续表

序号	成分	浸蚀方法	适用范围
3-6	三氧化铬 10g 水 100mL 盐酸 2 滴～ 4 滴	使用前加入盐酸浸没 3s ～ 30s	纯铜、铜合金、银镍合金
3-7	氯化铁 2g 盐酸 5mL 水 30mL 酒精 60mL	浸泡几分钟	锡青铜
3-8	氯化铁 5g 盐酸 16mL 酒精 60mL	浸入或擦拭法浸蚀，约几秒至数分钟	纯铜、铝青铜
3-9	重铬酸钾 2g 硫酸（相对密度 1.84）8mL 饱和氯化钠溶液 4mL 水 100mL	在使用前加入盐酸，浸泡 3 ～ 60s	纯铜、铜合金、铬铜、铜铍、锰铜等合金以及银镍合金
3-10	硫酸亚铁 3g 氢氧化钠 0.4g 硫酸 10mL 水 190mL	电解浸蚀，电压 8V ～ 10V，电流 0.1A 浸蚀时间 5 ～ 15s	使黄铜中的 β 相变黑（预经双氧水浸蚀），也可适用青铜、铜合金、银镍合金
3-11	氯化铁　盐酸　水　其他 5g　50mL　100mL 25g　25mL　100mL 1g　10mL　100mL 8g　25mL　100mL 20g　5mL　100mL　三氧化铬 1g 氯化铜 10g 5g　10mL　100mL　氯化亚锡 0.1g	浸入或擦拭法浸蚀，逐步浸蚀以获得好效果	铜镍、铜合金、纯铜

A.4 镍及镍合金常用浸蚀剂参见表 A.4。

表 A.4　镍及镍合金常用浸蚀剂

序号	成分	浸蚀方法	适用范围
4-1	硝酸 50mL 醋酸 50mL	浸泡或擦拭 5 ～ 30s，用较长时间化学浸蚀，硫化物边界比常规晶界易受蚀	纯镍、铜镍、钛镍以及高镍合金
4-2	磷酸 70mL 水 30mL	电解电压 5 ～ 10V，时间 5s ～ 60s	铜镍、铁镍、铬镍 纯镍及高镍合金
4-3	硫酸铜 10g 盐酸 50mL 水 50mL	浸泡或擦洗 5 ～ 60s，在使用前加入几滴 H_2SO_4 以增加活性	铜镍、纯镍及高镍合金、铁镍定点浸蚀显示镍基高温合金晶粒度
4-4	醋酸 5mL 硝酸 10mL 水 100mL	电解电压 1.5V，时间 20 ～ 60s，用铂丝导线溶液现配现用	显示铝镍、铜镍、铬镍、铁镍、钛镍、银镍组织

续表

序号	成分	浸蚀方法	适用范围
4-5	氯化铁 8g 盐酸 25mL 水 100mL	擦洗 5 ～ 30s	显示铜镍、银镍组织
4-6	硝酸 10mL 醋酸 10mL 盐酸 15mL 甘油 2 ～ 5 滴	溶液不能贮存。浸泡擦洗几秒到几分钟	铝镍
4-7	氢氟酸 10mL 硝酸 100mL	浸泡 30s ～ 3min	铬镍
4-8	NH_4OH 85mL 双氧水（30%）15mL	浸泡 5 ～ 15s，溶液勿贮存，易分解	锌镍
4-9	硫酸 5mL 硝酸 3mL 盐酸 90mL	将 H_2SO_4 缓慢注入盐酸并不断搅拌，使之冷却，然后注入硝酸。当呈暗橙色时倒掉。擦拭 10 ～ 30s	镍基高温合金
4-10	氯化铁 5g 盐酸 2mL 酒精 100mL	擦拭 10 ～ 60s	镍基高温合金
4-11	硝酸 20mL 盐酸 60mL	在通风装置下浸泡或擦洗 5 ～ 60s。溶液现配现用	镍基高温合金